Gisela Lück

Leichte Experimente für Eltern und Kinder

HERDER spektrum

Band 4811

Das Buch

Kinder beobachten genau, was in der Welt um sie herum vorgeht. Und sie stellen Fragen: Wo geht eigentlich das Wachs hin, wenn die Kerze brennt? Warum schwimmt Eis auf dem Wasser? Manchmal ist es gar nicht so leicht, diese Fragen zu beantworten. Dabei finden Kinder gerade im Alter zwischen fünf und sieben Jahren die Phänomene der Natur ganz besonders spannend – das Interesse, das später im Schulunterricht oft erst wieder geweckt werden muss, ist hier ganz natürlich da. Eltern können aktiv dazu beitragen, ihre Kinder aus dem Staunen und Fragen zum Begreifen der Umwelt zu führen. Die Autorin zeigt, wie das geht: Einfache Experimente zu den Naturphänomenen lassen sich problemlos auch zu Hause durchführen – in vertrauter Umgebung, mit viel Spaß für alle Beteiligten und ganz ungefährlich. Man braucht für naturwissenschaftliche Experimente auch keine teure Spezialausrüstung. Ganz normale Dinge, die sich in jedem Haushalt finden, tun es auch. Einige andere „Zutaten" sind preiswert in der Apotheke zu bekommen. Alle Experimente sind so ausgewählt, dass sie für Kinder einfach nachvollziehbar sind und auch von chemischen Laien gut erklärt werden können. Die Versuche bauen aufeinander auf: Schritt für Schritt begreifen Kinder, wie bestimmte Phänomene „funktionieren". Sie lernen dadurch auch: Naturwissenschaft ist keine Zauberei. Hemmschwellen, die später in der Schule die naturwissenschaftlichen Fächer so frustrierend machen, können so gar nicht erst entstehen: Kinder bekommen spielerisch die Grundlage, die sie brauchen, um sich unbefangen an naturwissenschaftliche Zusammenhänge heranzutrauen und sie zu verstehen – denn das wird in Zukunft immer wichtiger.

Die Autorin

Prof. Dr. Gisela Lück lehrt Chemiedidaktik an der Universität Bielefeld; zuvor war sie an den Universitäten Essen und Kiel tätig. Sie verfügt über langjährige Erfahrung bei der Vermittlung insbesondere chemischer Zusammenhänge an Kinder im Kindergartenalter.

Gisela Lück

Leichte Experimente für Eltern und Kinder

Mit Illustrationen
von Christian Demski

HERDER

FREIBURG · BASEL · WIEN

Die Fotos auf den Seiten 16, 39, 60, 78 und 91
stammen von der Autorin.

Gedruckt auf umweltfreundlichem,
chlorfrei gebleichtem Papier

Originalausgabe

10. Auflage

Alle Rechte vorbehalten – Printed in Germany
© Verlag Herder Freiburg im Breisgau 2000
www.herder.de
Satz: DTP-Studio Helmut Quilitz, Denzlingen
Druck und Bindung: fgb · freiburger graphische betriebe 2005
www.fgb.de
Umschlaggestaltung und Konzeption:
R·M·E München / Roland Eschlbeck, Liana Tuchel
Umschlagmotiv: © Hartmut W. Schmidt-Fotografie
ISBN 3-451-04811-6

Für meinen Neffen Johannes

und

für mein Patenkind Hanna.

Inhalt

*„Jedem Kind kann auf jeder Entwicklungsstufe
jeder Lehrgegenstand in einer intellektuell ehrlichen
Form erfolgreich gelehrt werden"*

Jerome S. Bruner, Der Prozess der Erziehung, 1970

Fast schon ein Vorwort
... aber genau hier geht's los

Mal ehrlich – wann hatten Sie Ihren ersten Einblick in naturwissenschaftliche Zusammenhänge? Ich meine nicht, wann Sie zum ersten Mal Naturphänomene erstaunt wahrgenommen haben und sich Fragen gestellt haben wie „Warum ist die Sonne heiß?" „Was ist zwischen den Sternen?" „Warum ist Eis leichter als Wasser?" – mich interessiert vielmehr: Wann haben Sie zum ersten Mal Antworten auf solche oder ähnliche Fragen bekommen?

Wie alt waren Sie, als Sie Ihr erstes chemisches Experiment durchgeführt haben und Ihnen der chemische Ablauf verständlich erklärt wurde?

Wenn Sie das klassische deutsche Schulsystem durchlaufen haben, dann waren Sie vermutlich zu Beginn Ihres Physik- und Chemieeinführungsunterrichts den Kinderschuhen schon entwachsen, standen vielleicht schon am Ende Ihrer Schulausbildung. Und – konnten Sie damals immer noch so kindlich staunen? Konnte der Unterricht Antworten auf Ihre Fragen geben? Und ganz entscheidend: Zählten Chemie und Physik zu Ihren Lieblingsfächern? Statistisch gesehen wohl kaum, denn nach Schülerumfragen rangieren gerade diese naturwissenschaftlichen Unterrichtsfächer im unteren Drittel der Beliebtheitsskala.

Vielleicht hatten Sie ja auch Glück und waren nicht auf das Schulsystem angewiesen, als es um Ihre ersten naturwissenschaftlichen Gehversuche ging. Vielleicht gab es in Ihrem kindlichen Umfeld jemanden, der Ihnen Antworten auf Ihre damaligen naturwissenschaftlichen Fragen gab. Vielleicht haben Ihre Eltern mit Ihnen gemeinsam die ersten naturwissenschaftlichen Experimente am Küchentisch durchgeführt, haben Ihren Blick liebevoll auf die Schönheit der Naturphänomene gelenkt, die schon in einem einfachen Trinkglas reproduzierbar sind. Vielleicht konnten sie Ihnen sogar Antworten auf all die Fragen geben, die damals aus Ihnen heraussprudelten. Dann haben Sie wirklich Glück gehabt, denn wohl zu keiner späteren Zeit ist das Interesse an naturwissenschaftlichen Fragen so groß wie in der frühen Kindheit. Und mit den einmal erworbenen Anfangskenntnissen wird für Sie dann auch der spätere naturwissenschaftliche Unterricht interessanter gewesen sein als für Ihre Klassenkameraden. Vielleicht waren Ihre so früh erworbenen Kenntnisse ja auch für Ihre spätere Berufswahl ausschlaggebend. Mit Sicherheit aber werden sie dazu beigetragen haben, dass Sie sich in einer zunehmend von Naturwissenschaften und Technik geprägten Welt leichter zurechtfinden.

Das vorliegende Buch enthält Anregungen, wie Sie Ihr Kind an die ersten Naturerfahrungen und deren Deutung heranführen können. Dabei steht das gemeinsame Experimentieren mit 25 Versuchsbeschreibungen im Vordergrund.

Ihnen und Ihrem Kind wünsche ich viel Spaß beim Staunen über Naturphänomene – und bei ihrem Begreifen!

I „Warum ist die Banane krumm?" und was die Fünf- bis Siebenjährigen sonst noch alles von uns wissen möchten

Wohl zu keiner anderen Zeit sind Kinder so interessiert an den Dingen ihrer Umwelt, wie im Alter zwischen fünf und sieben Jahren. Sie fragen uns „Löcher in den Bauch", registrieren alles ganz genau, und vor allem – sie haben eine besonders gute, detailgenaue Erinnerungsfähigkeit. Daher ist gerade dieses Alter so geeignet, die Kinder schon frühzeitig an naturwissenschaftliche Themen heranzuführen. Aber dies geschieht selten; oftmals scheitert es daran, dass wir selbst die Antworten nicht kennen.

Das vorliegende Buch liefert Ihnen mit der Beschreibung von 25 Experimenten Anregungen, wie Sie Ihr Kind an die Naturwissenschaften heranführen und ihm auf viele seiner Fragen eine Antwort gegeben können. Nur warum die Banane krumm ist, das wird auch hier nicht beantwortet.

Der unbelebten Natur auf der Spur

Wenn Naturwissenschaften im frühen Kindesalter überhaupt schon eine Rolle spielen, dann sind es vor allem biologische Themen, an die das Kind herangeführt wird. Der jahreszeitlich bedingte Wechsel in der Pflanzenwelt, die Beobachtung des allmählichen Wachstums einer Pflanze oder das Verhalten von Tieren treten im Alltag auffälliger in Erscheinung als die Gesetzmäßigkeiten der sogenannten unbelebten Natur. Auch in Kindergarteneinrichtungen dominiert daher die Beschäftigung mit biologischen Themen: das Aussäen von Pflanzensamen oder der Wandel einer Kaul-

quappe zu einem Frosch sind gängige Themen des Kindergartenalltags. Die Reaktion von Essigsäure mit Backpulver oder ähnliche chemische Fragestellungen stehen dagegen eher im Hintergrund. Dabei gibt es viele gute Gründe, Kinder schon im frühen Kindesalter an Phänomene der unbelebten Natur heranzuführen, genau genommen ist es sogar einfacher als bei biologischen Themen: Zunächst einmal stehen die Experimente zur unbelebten Natur das ganze Jahr über zur Verfügung. Backpulver und Essigsäure gibt's eben nicht nur – wie etwa eine Tulpenzwiebel – im Frühjahr. Dadurch bietet sich die Gelegenheit, ein Experiment zu wiederholen, zu variieren, und Naturgesetzlichkeiten im Kleinen zu rekonstruieren – Aspekte, die beim Wachstum einer Tulpe aus einer Zwiebel nicht zutreffen: Die Tulpe wächst nur einmal.

Ein ganz entscheidender Vorteil, Themen der unbelebten Natur mit Kindern zu besprechen, liegt in der einfachen Deutung vieler Phänomene. Versuchen Sie doch einmal, Ihrem Kind den Wandel einer Raupe zu einem Schmetterling verständlich zu erklären – bei dem Phänomen „Eis schwimmt auf dem Wasser", das auch in der Auswahl der Experimente dieses Buchs enthalten ist, gelingt es mit Sicherheit besser!

Schließlich sind Phänomene der unbelebten Natur – genau betrachtet – an vielen biologischen Prozessen beteiligt: Dass sich Salz und Zucker in Wasser lösen, dass sich Öl nicht mit Wasser vermischt, dass Eiweiß oberhalb einer bestimmten Temperatur hart wird, sind Grundlagen für zahlreiche biologische Prozesse.

Vielleicht ist die Bevorzugung biologischer Themen in der Schönheit mancher Naturerscheinungen begründet: Der farbenfrohe Schmetterling oder die Blumenvielfalt sind unbestritten ein ästhetisches Schauspiel. Aber haben Sie sich schon einmal die Zeit genommen, ganz genau zuzusehen, wenn sich ein Zuckerwürfel in einem Glas mit Wasser löst?

Dieses „Naturereignis" ist vielleicht nicht gerade spektakulär, aber mit Ästhetik hat es ganz sicher auch zu tun!

Es ist nach all diesen Überlegungen daher nicht nachvollziehbar, weshalb Themen der belebten Natur im gesamten Bildungssystem der Vorrang gegeben wird. Im Sachunterricht der Grundschule, aber auch in den weiterführenden Schulen kommen physikalisch-chemische Fragestellungen eindeutig zu kurz, obwohl ein solides Chemie- und Physikverständnis nicht nur für die Berufswahl hilfreich wäre. Auch ökologische Zusammenhänge könnten leichter erfasst werden! Hierzu zwei Beispiele:

„Nichts" gibt es nicht, und nichts „verschwindet" einfach

Hartnäckig hält sich in der Alltagsvorstellung von Kindern – und wohl auch in der Vorstellung so mancher Erwachsener – die Auffassung, dass es „Nichts" gäbe. Das „Nichts" hat in unserem Wortschatz seinen festen Platz: Wir behaupten, „nichts im Kühlschrank" zu haben, auch wenn bei genauerer Betrachtung doch noch die ein oder andere Käsescheibe oder ein Joghurtbecher zu finden sind. Bei einem leeren Glas sind wir uns ganz sicher, dass dort „nichts" drin ist, so wie im Portemonnaie, in dem das Geld ausgegangen ist. Und die Sprache beeinflusst ganz entscheidend unser Denken. Wenn wir „Nichts" sagen, dann denken wir es auch. „Das Glas ist leer" – eine solche Aussage berücksichtigt nicht, dass Luft im Glas ist. Luft – neben Boden und Wasser eine unserer wichtigsten Lebensgrundlagen – ist aber mehr als nichts. Und Luft können wir nur schützen, wenn wir ihre Existenz „begreifen".

Mit dem „Verschwinden" geht die Alltagssprache ebenfalls recht salopp um. Von der Waage steigend behaupten wir beglückt, ein paar Pfunde seien „verschwunden". Auch ein im Tee gelöster Zuckerwürfel scheint „verschwunden";

der Fleck auf dem Teppich – wenn man Glück hat – ebenfalls. Aber wo sind denn Pfunde, Zuckerwürfel und Fleck hin? Das immer gültige Naturgesetz von der Erhaltung der Masse garantiert, dass all diese Stoffe noch weiter als Materie existieren, sich allerdings in manchen chemischen Stoffumwandlungsprozessen verändert haben können. Wird es uns – auch sprachlich – bewusst, dass naturwissenschaftlich gesehen nichts verschwinden kann, dann ist dies auch ein erster Schritt zu einem ökologischen Verständnis: Es ist jetzt nur noch ein ganz kurzer Weg, um zu verstehen, dass der von uns produzierte Müll nicht im Mülleimer oder auf der Deponie „verschwindet", sondern – auch bei seiner Zersetzung in kleinere Bestandteile – materiell immer erhalten bleibt.

(Vielleicht ist der Gedanke von der Erhaltung der Masse ja hilfreich, wenn Sie das nächste Mal den Schlüsselbund suchen.)

Nach welchen Kriterien sind die Experimente dieses Buches zusammengestellt?

Während in der belebten Natur die Naturerscheinungen in der Regel ohne größere Vorbereitung oder Einschränkung beobachtet werden können – so etwa das Spektrum an Laubbäumen oder die Vielzahl der Blumenzwiebeln –, sind Experimente zur unbelebten Natur, also physikalische und chemische Versuche, schon mit mehr Bedacht auszuwählen.

Nach welchen Kriterien die Auswahl der 25 Versuche erfolgte, wird im Folgenden beschrieben:

Die verwendeten Stoffe sind ungiftig

Sämtliche Versuche sind ungefährlich, da die verwendeten Substanzen fast alle aus der natürlichen Umgebung des Kindes, aus Küche und Bad stammen. Auch bei kleineren Abweichungen von den Versuchsbeschreibungen besteht keinerlei Gefahr für Ihr Kind, solange der bestimmungsgemäße Gebrauch der Materialien eingehalten wird. Dennoch sollten Sie – insbesondere bei den Experimenten mit Teelichtern – immer in der Nähe sein.

Wahl der Ausgangsstoffe:
preiswert und überall erhältlich

Auch ein noch so beeindruckendes Experiment wird wohl kaum durchgeführt werden, wenn die Ausgangsmaterialien nur über schwierige Umwege erhältlich und zudem noch teuer sind. Deshalb sind für fast alle Experimente nur übliche Haushaltsmittel erforderlich, die das Haushaltsbudget kaum belasten. Vorausgesetzt, dass es in Ihrer Küche Salz, Pfeffer, Zucker, Wasser, Luft und Teelichter gibt, werden die Kosten für die Versuche insgesamt Pfennigbeträge kaum überschreiten. Vertraute Materialien aus Küche und Bad wurden bevorzugt ausgewählt, da dann gleich „zwei Fliegen mit einer Klappe" zu schlagen sind: Ihr Kind kann die naturwissenschaftlichen Phänomene im Alltag wiedererkennen und sich umso leichter an die einzelnen Experimente erinnern.

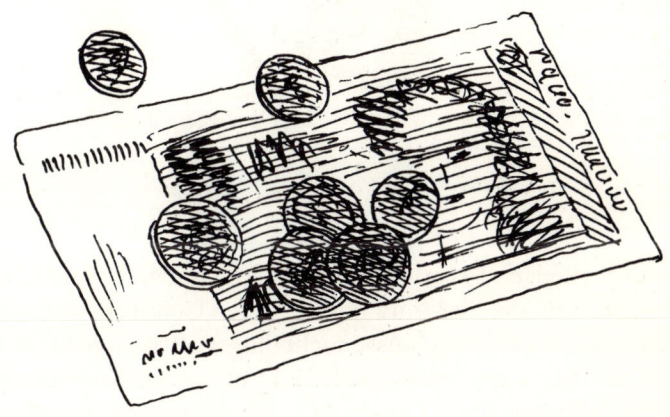

Spaß am Experimentieren durch Erfolgserlebnisse: die Versuche gelingen!

Sämtliche Versuche wurden so ausgewählt, dass sie nicht nur mit der geübten Hand des Erwachsenen gelingen, sondern auch von den Kindern selbst erfolgreich durchgeführt werden können. In die Rolle des Zuschauers werden die Kinder ohnehin schon oft genug gedrängt. Und außerdem bleiben den Kindern die Dinge, die sie selber machen können, viel besser in Erinnerung.

Naturwissenschaftliche Deutung – keine Zauberei

In den gängigen Experimentierbüchern sind viele Versuche beschrieben, die hier trotz ihres leichten Gelingens und der Faszination ihrer Ergebnisse nicht aufgegriffen werden: Der Grund: Die naturwissenschaftliche Deutung des Experiments ist zu komplex, um sie jüngeren Kindern verständlich näher zu bringen; es bliebe also der Eindruck von „Zauberei" zurück. Mit dieser Art der Vermittlung naturwissenschaftlicher Inhalte ist zwar kurzfristig eine große Aufmerksamkeit bei den Kindern zu erzielen, aber sie ist keineswegs unproblematisch. Prozesse, deren Ablauf als „Zauberei" interpretiert werden, können nicht zugleich auf eine zuverlässige Naturgesetzmäßigkeit zurückgeführt werden, sondern unterliegen aus der Perspektive des Laien offensichtlich der Willkür desjenigen, der das Experiment zeigt. Der Ausgang von Naturvorgängen ist nun nicht mehr kalkulierbar – und darin kann ein erster Keim für Emotionen, insbesondere Angst, liegen. Gerade das Verstehen von Naturzusammenhängen legt die Basis für eine vorurteilsfreie Begegnung mit Naturphänomenen. Zudem konnte in Untersuchungen zur Erinnerungsfähigkeit gezeigt werden, dass durch die Deutung des Phänomens ein Versuch deutlich besser im Gedächtnis bleibt als ein Experiment, dessen Ablauf lediglich vorgestellt wurde. Deshalb wird bei den einzelnen Experimenten ganz besonders viel Wert auf die naturwissenschaftliche Deutung gelegt. Mythen und Zauberei haben ihren festen Platz außerhalb der Naturwissenschaften!

„Wir können über alles sprechen, nur nicht länger als eine halbe Stunde"

Viele Prozesse, die in der Natur ablaufen, dauern scheinbar nur kurze Zeit; so etwa das Verdunsten von Wasser in der Sonne. Will man solche Abläufe in einem Experiment rekonstruieren, so können manchmal Stunden ins Land gehen – und dabei ist auch die größte Experimentier- und Beobachtungsbereitschaft sowohl bei uns als auch bei den Kindern überstrapaziert.

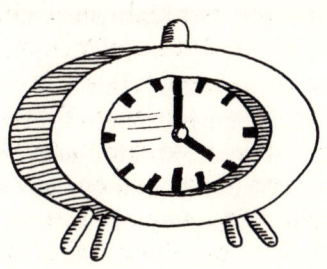

Alle vorliegenden Experimente können in rund 20 bis 30 Minuten abgeschlossen werden – einschließlich der Zeit, die Ihr Kind zur Durchführung des Versuchs benötigt; viele nehmen deutlich weniger Zeit in Anspruch.

Naturwissenschaftserfahrung mit System

Die Experimente sind nach fünf unterschiedlichen Themenbereichen eingeteilt. Es ist hilfreich, wenn die Versuche innerhalb der einzelnen Themen aufeinander aufbauend durchgeführt werden. Das erleichtert Ihrem Kind das Verstehen, und zudem bietet sich durch die Anknüpfung an den vorigen Versuch eine Wiederholung an.

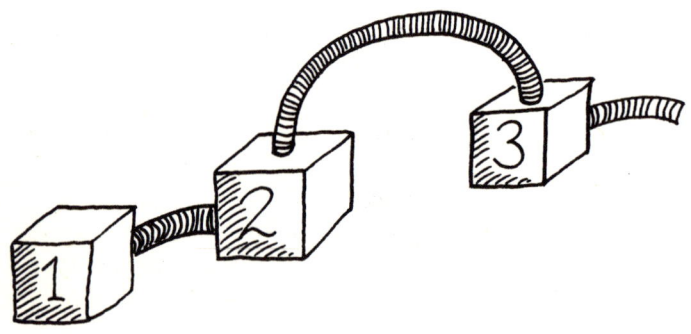

Experimente mit Nahrungsmitteln?

Im Kapitel „Versuche rund um Nahrungsmittel" ist es nicht zu vermeiden, dass Lebensmittel eingesetzt werden. Apfel, Zitrone, Möhre, Hühnerei, Rotkohl etc. sind für Ihr Kind sicherlich vertraute Esswaren, und daher ist es nicht unproblematisch, diese für ein Experiment zu verwenden, bei dem sie z.T. ungenießbar werden. Die ethische Fragestellung

„Kann man für ein Experiment Nahrungsmittel einsetzen?" sollten Sie daher auch mit Ihrem Kind diskutieren. Ein Argument für den Einsatz sind die geringen Mengen, die für die Durchführung des Experiments erforderlich sind; bei einigen Versuchen sind die Nahrungsmittel anschließend auch durchaus noch genießbar. Ein weiteres Argument: Das Experiment gibt Einblicke in die Inhaltsstoffe der Nahrungsmittel und die ihnen zugrunde liegenden naturwissenschaftlichen Zusammenhänge. Mit wenig Nahrungsmitteln – einmalig eingesetzt – kann Ihr Kind dauerhaft einen Einblick in Naturphänomene gewinnen, die gleichsam auch zu einer Wertschätzung dieser Naturprodukte führen. Wenn dies gelingt, dann ist m. E. der Einsatz kleiner Mengen an Nahrungsmitteln beim Experimentieren mit Kindern zu rechtfertigen.

„Aber das gab's doch alles schon einmal!"

Zugegeben, nicht ein einziges Experiment, das im Folgenden vorgestellt wird, ist ganz neu: Kerzen zu löschen, indem man ihnen die Luft zum Brennen entzieht, Zucker in heißem und kaltem Wasser zu lösen, Dichteunterschiede von Metall, Holz und Eis zu beobachten, all diese Versuche sind schon in zahlreichen Experimentierbüchern beschrieben. Weshalb sind sie dann hier überhaupt noch einmal erwähnt? Die vorliegende Auswahl ist so zusammengestellt, dass Eltern sie gemeinsam mit ihren Kindern im Vor- und frühen Grundschulalter durchführen können, wobei zugleich die naturwissenschaftliche Deutung des Phänomens im Vordergrund steht. Materialien für eine frühzeitige Heranführung kleiner Kinder an Naturphänomene sind in diesem Kontext eher eine Seltenheit.

Bevor es losgeht

„Alles zu seiner Zeit" – das gilt ganz besonders auch, wenn es um das Experimentieren mit Kindern geht. Nicht nur auf den richtigen Zeitpunkt kommt es aber dabei an, sondern auch darauf, dass Sie und Ihr Kind Zeit haben. Wenn es gelingen könnte, immer zu einer gleichen Zeit – etwa jeweils an einem bestimmten Nachmittag in der Woche – ein bis zwei Experimente durchzuführen, dann wäre das sowohl vom zeitlichen Abstand als auch vom „Pensum" optimal.

Jedes Experiment ist in vier Einheiten unterteilt. Nach einer kurzen Einführung werden unter *„benötigte Materialien"* sämtliche für den Versuch erforderlichen Ausgangsstoffe genannt. Wenn Sie die Materialien gemeinsam mit Ihrem Kind zusammentragen, gewinnt es dabei schon einen ersten Zugang zum Experiment.

Es ist wichtig, dass Sie die Materialien auf eine Unterlage mit überschaubarer Größe legen, etwa ein Tischset, ein großes Blatt Papier (DIN A3) oder ein Stück Pappe. Dadurch

kann sich Ihr Kind besser auf die Materialien konzentrieren; die „Aufmerksamkeitslenkung" wird gesteigert, wie dies in der Fachsprache heißt. Beobachten Sie einmal den Unterschied, indem Sie die Materialien einfach nur so auf den Tisch legen und anschließend auf die Unterlage. Erst durch die Unterlage entsteht eine Abgrenzung zu all den anderen vielleicht ablenkenden Dingen in der Umgebung.

Der Küchentisch ist der geeignetste Ort für die Durchführung der Versuche. Hier ist es kein Malheur, wenn mal ein wenig Wasser oder Öl danebengeht, und da die meisten Materialien ohnehin dem Küchenbestand entnommen sind, passt das Umfeld zum Versuch.

Nun zur *Durchführung:* Jeder Schritt ist ganz genau beschrieben. Dennoch ist es vielleicht hilfreich, wenn Sie das Experiment vorher einmal kurz testen, damit auch alles klappt, wenn Ihr Kind den Versuch durchführt. Schließlich soll das Gelingen des Versuchs Ihrem Kind Mut auf weitere Naturwissenschaftserfahrungen machen!

Die genaue *Beobachtung,* das Sich-Zeit-Nehmen, um ganz genau hinzusehen, gerät häufig in den Hintergrund: Lassen Sie mich nochmals auf die weiter oben bereits gestellte Frage zurückkommen: Haben Sie schon einmal ganz genau zugesehen, wenn sich ein Zuckerwürfel in kaltem Wasser allmählich auflöst? Gerade dieses kontemplative Betrachten, das Sich-Einlassen auf das Naturphänomen ist so entscheidend, wenn Sie Ihr Kind (und sich selbst) zum Staunen bringen möchten. Dieses Staunen ist der erste Schritt, um wissen zu wollen, was hinter dem Phänomen steckt – eine pädagogische Weisheit, die bereits Aristoteles in der „Metaphysik" beschrieben hat. Leider ist sie 2400 Jahre später in unseren Bildungssystemen vielfach verschütt gegangen.

In der *Erklärung* sind die naturwissenschaftlichen Zusammenhänge beschrieben, die hinter dem Experiment stecken. Auch ohne wissenschaftliche Formeln kann man dabei sehr weit kommen! Natürlich ist alles ganz vereinfacht dargestellt und so beschrieben, dass zunächst Sie einen Zugang zur Deutung finden können. Sicherlich werden Sie Ihren eigenen Weg wählen, wie Sie Ihrem Kind das Phänomen erklären – und gerade dieser wird der beste sein! Mit der Deutung des Experiments ist der entscheidende zweite Schritt auf dem Weg in die Naturwissenschaften getan, nämlich der vom Staunen zum Begreifen.

II Versuchsbeschreibungen

Versuche rund um Lebensmittel

Was in der Zitrone steckt!

Dass ein Glas heiße Zitrone bei einer Erkältung gesund ist, ist allgemein bekannt. Der hohe Vitamin C-Gehalt der Zitrusfrüchte ist gerade bei Erkrankungen, bei denen der Vitamin C-Bedarf erhöht ist, besonders gefragt. Aber steckt denn wirklich so viel Vitamin C in einer Zitrone?

▧ *benötigte Materialien:*
– Teller,
– 1 Messer,
– 1 Apfel; besser: Apfelstücke unterschiedlicher Apfelsorten,
– 1 Zitrone,
– Zitronenpresse.

▧ *Durchführung:*
Mit dem Messer wird der Apfel bzw. jedes Apfelstück der

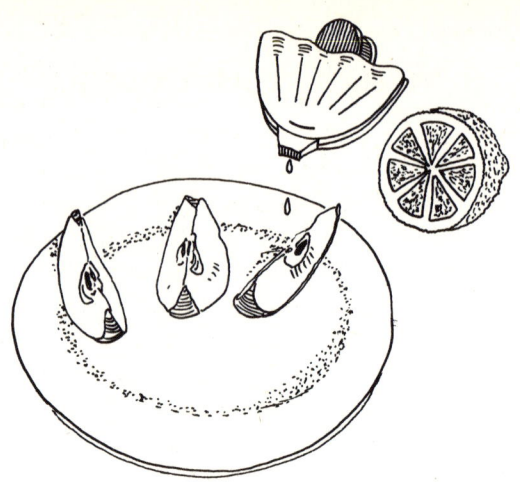

unterschiedlichen Apfelsorten halbiert und auf die beiden Teller verteilt. Dabei sollte man – etwa durch unterschiedliche Einkerbungen – kenntlich machen, welche Apfelstücke von ein und demselben Apfel stammen.

Die Zitrone wird gepresst und der Saft auf die Apfelstücke des einen Tellers verteilt; die Apfelstücke des anderen Tellers bleiben unbehandelt.

■ *Was ist zu beobachten?*
Nach einiger Zeit wird an den Oberflächen einiger Apfelstückchen eine Braunfärbung sichtbar. Doch obwohl alle Äpfel etwa zur gleichen Zeit aufgeschnitten wurden, setzt die Braunfärbung zu unterschiedlichen Zeiten ein; bei manchen Apfelstückchen bleibt sie ganz aus.

■ *Erklärung:*
An den Schnittstellen gelangt Luft, genauer Sauerstoff, an das Obst; das Obst reagiert mit dem Sauerstoff der Luft – man sagt auch: es „oxidiert" –, und wird dort braun, wo nur wenig Vitamin C zur Stelle ist. Bei einem Vergleich der bei-

den Teller fällt auf, dass die Apfelstückchen, die mit Zitronensaft behandelt wurden, langsamer braun werden als die unbehandelten. Der Grund: Zitrone enthält besonders viel Vitamin C (53 mg pro 100 g Zitrone; Äpfel dagegen nur 12 mg). Die damit behandelten Äpfel werden so vor dem Braunwerden geschützt – übrigens auch der Grund, weshalb man Zitrone über einen frisch zubereiteten Obstsalat gießt: Der Salat behält länger seine ursprüngliche Farbe.

Auch zwischen den einzelnen Apfelsorten sind Unterschiede zu erkennen: Frisch geerntete Äpfel behalten ihre helle Farbe länger als gelagerte Äpfel, das gleiche gilt für Boskop- oder Cox-Orange-Äpfel. Golden Delicious Äpfel werden dagegen schneller braun. Faustregel: Je saurer, desto mehr Vitamin C – auch Ascorbinsäure genannt, denn schließlich ist Ascorbin*säure* ja eine Säure, die eben auch sauer schmeckt.

Und weshalb verhindert Vitamin C die Braunfärbung von Obst durch Reaktion mit dem Sauerstoff der Luft bzw. durch Oxidation? Vitamin C, also Ascorbinsäure, ist ein Stoff, der verhindert, dass ein anderer Stoff oxidieren kann; stattdessen wird er selbst oxidiert; man sagt auch: Ascorbinsäure ist ein Antioxidans. Je mehr sich von dieser Ascorbinsäure auf Obst mit einem geringen Vitamin C-Gehalt befindet, desto weniger wird dieses Obst oxidiert; die Braunfärbung verzögert sich.

Im menschlichen Organismus hat das Vitamin C eine Vielzahl von lebenswichtigen Funktionen: Es ist am Aufbau von Collagen beteiligt, ist wichtig für den Eisentransport im Blut, vor allem aber verhindert es als Antioxidans die Oxidation an den Stellen in unserem Organismus, an denen sie unerwünscht ist.

Die Weltgesundheitsorganisation WHO empfiehlt für Erwachsene eine tägliche Mindesteinnahme von 30 mg Ascorbinsäure; die Deutsche Gesellschaft für Ernährung sogar eine Menge von 75 mg. Ascorbinsäure, die auch synthetisch hergestellt werden kann, ist als Pulver in Apotheken erhältlich und kann in Wasser aufgelöst werden.

Einen Nachteil hat Vitamin C, also Ascorbinsäure, allerdings doch: Sie zersetzt sich bei Wärme. Die *heiße* Zitrone hilft daher eigentlich nur dann besonders gut gegen Erkältung, wenn vorher schon eine *kalte* Zitrone getrunken wurde, in der noch das gesamte Vitamin C enthalten ist!

> Besonders eindrucksvoll und in nur ganz kurzer Zeit ist die Braunfärbung bei Auberginen zu beobachten. Wenn Ihr Kind dieses Gemüse nicht kennt, sollte der Versuch mit Äpfeln durchgeführt werden.

Kann ein hart gekochtes Ei wieder flüssig werden?

Wenn man Schokolade allmählich erhitzt, wird sie zunehmend weicher, bis sie schließlich ganz flüssig ist. Erkaltet flüssige Schokolade, dann wird sie wieder fest. Dasselbe Phänomen können wir häufig beobachten: Eis schmilzt beim Erwärmen zu Wasser, in der Kälte friert es wieder zu Eis.

Und wie ist das bei einem Ei? Ein Ei wird beim Erwärmen nach einiger Zeit immer fester; schließlich wird aus einem „rohen" Ei nach einigen Minuten ein gekochtes, also festes Ei. Also ganz im Unterschied zu anderen Stoffen wird ein Ei beim Erwärmen fester.

Und wenn man ein gekochtes Ei abkühlt, wird es dann wieder flüssig? Natürlich nicht! Aber was ist bei einem Ei so anders als bei anderen Stoffen?

■ *benötigte Materialien:*
– 1 rohes Ei,
– 1 Teeglas (hitzestabil),
– Kochtopf, zur Hälfte mit Wasser gefüllt,
– (falls vorhanden: 1 hitzestabiles Thermometer mit einer Temperaturskala zwischen 20 °C und 100 °C).

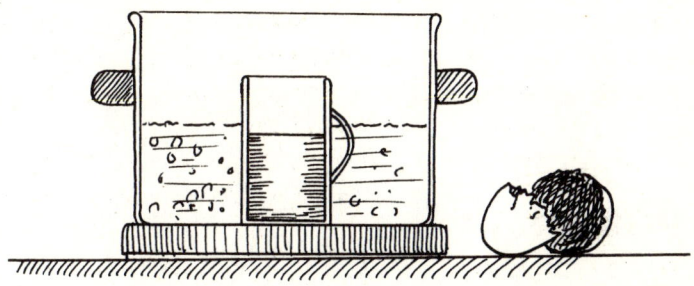

Das rohe Ei wird aufgeschlagen, das Eiweiß vom Eigelb getrennt und im Teeglas aufgefangen. Das Wasser im Kochtopf wird auf einer Herdplatte zunächst auf kleiner Flamme erwärmt. Bei handwarmer Temperatur des Wassers (ca. 35–40 °C; ggf. mit dem Thermometer kontrollieren) wird das Teeglas in das Wasser gestellt und beobachtet, ob eine Veränderung eintritt.

Das Wasser wird nun weiter erhitzt (ggf. mit dem Thermometer den Anstieg der Wassertemperatur verfolgen), und erneut wird das Teeglas mit dem Eiklar in das erwärmte Wasser gehalten. Wieder wird beobachtet, ob eine Veränderung eintritt.

■ *Was ist zu beobachten?*
Während im handwarmen Wasser keinerlei Veränderung des Eiklars zu beobachten ist, verfärbt sich das Eiklar im heißen Wasser nach einiger Zeit – je nach Wassertemperatur kann es einige Minuten dauern – allmählich weiß und wird hart. Die Verfärbung tritt zunächst an der Teeglaswand ein, da hier die Wärme des Wassers am schnellsten wirkt.

■ *Erklärung:*
Das Eiklar des Hühnereis besteht zu 10,6 Prozent aus Eiweiß, auch Protein genannt. Im rohen Ei, in dem das Eiklar

Eiweiß

im rohen Ei   *im gekochten Ei,*
                                 denaturiert

noch flüssig vorliegt, haben die Proteine eine Struktur, die vergleichbar ist mit einem langen Faden: Die einzelnen Protein„fäden" liegen isoliert vor, und jeder einzelne Faden hat eine ganz bestimmte vorgegebene Struktur, wie dies in der Zeichnung dargestellt ist. Erhitzt man nun das Eiklar langsam auf eine Temperatur oberhalb von 42 °C, dann wird die vorgegebene Struktur der Proteinfäden des Eiklars nach und nach aufgelöst, die einzelnen isolierten Fäden lagern sich zusammen – man sagt auch: sie koagulieren – und verlieren dadurch ihre Beweglichkeit: das Eiklar wird hart. Dieser Vorgang ist irreversibel, d. h. auch bei noch so niedriger Temperatur werden aus den vielen verknäulten Proteinfäden nie wieder isolierte Proteinfäden.

Die hier am Beispiel des Eiklar beschriebene Reaktion findet überall dort statt, wo sich Eiweiß befindet, also auch im menschlichen Organismus, in dem Proteine lebenswichtige Aufgaben erfüllen. Daher ist es so wichtig, dass Fieber nicht in die Nähe der Temperatur von 42 °C ansteigt.

Woher hat die Möhre ihre Farbe?

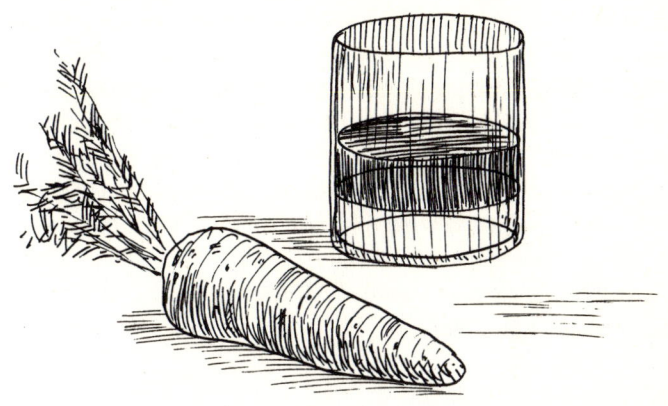

Salat wird in der Regel mit Essig und Öl angemacht. Das schmeckt den meisten Menschen nicht nur besser als ein Rohkostsalat, es spielt sich dabei auch chemisch etwas Entscheidendes ab:

■ *benötigte Materialien:*
- 1 Stückchen von einer Möhre,
- 1 Reibe,
- 2 kleine Gläser,
- etwas Wasser,
- 5 Esslöffel farbloses (!) Speiseöl (ersatzweise Terpentinersatz), *(Farbloses Speiseöl ist manchmal schwer erhältlich; nur einige Erdnussölsorten zeigen die gewünschte Farblosigkeit. Anstelle von Speiseöl kann auch Terpentinersatz eingesetzt werden, der in manchen Haushalten zum Reinigen von Pinseln verwendet wird. Sollte Terpentinersatz zum Einsatz kommen, ist es allerdings unbedingt erforderlich, dass Kinder nicht alleine sind, wenn sie damit experimentieren!)*
- 1 Löffel.

■ *Durchführung:*

Die Möhre wird mit der Reibe zerrieben. Anschließend werden die Möhrenraspel in ein Glas gegeben, so dass der Boden des Glases gerade eben bedeckt ist. Über die Möhren wird nun so viel Wasser gegeben, dass etwa 2 cm des Glases gefüllt sind. Anschließend wird das Wasser mit einem Löffel gut verrührt und beobachtet, ob sich das Wasser färbt.

Nun werden etwa fünf Esslöffel farbloses Speiseöl zugefügt und wiederum wird intensiv ca. eine Minute gerührt.

Wenn das Speiseöl allmählich eine Gelbfärbung zeigt, kann die Flüssigkeit von den Möhrenraspeln in ein zweites Glas abgegossen werden.

■ *Was ist zu beobachten?*
Wasser nimmt im Unterschied zum Speiseöl auch bei intensivem Rühren keinerlei Färbung an. Es ist zu beobachten, dass sich das gelb gefärbte Speiseöl auch nach wiederholtem Schütteln immer wieder oberhalb des farblosen Wassers ablagert.

■ *Erklärung:*
In der Möhre ist ein farbiger Stoff enthalten, der auch als β-Carotin bekannt ist. Dieses β-Carotin kommt auch in anderen Lebensmitteln vor, so z. B. in Tomaten, und trägt dazu bei, dass diese eine gelblich-braune Färbung annehmen: Auch dem Menschen verleiht das β-Carotin einen bräunlichen Teint, da es sich im Fettgewebe der Haut ablagert.

Dass sich dieser Möhrenfarbstoff im Fettgewebe und nicht in wässrigen Lösungen ablagert, zeigt sich im Experiment: Das Wasser nimmt die Gelbfärbung nicht an, das Salatöl – vergleichbar mit dem Fettgewebe unserer Haut – kann es dagegen aufnehmen. Und da der Versuch auch zeigt, dass sich die beiden Flüssigkeiten Öl und Wasser nicht mischen können, wird deutlich, dass das einmal in Öl gelöste β-Carotin niemals in das Wasser gelangen kann.

(Für den Fall, dass Sie das Experiment mit Terpentinersatz durchführen: Er verhält sich ähnlich wie Speiseöl – zumindest was die Löslichkeit von β-Carotin betrifft. Allerdings eignet er sich nicht als Nahrungsmittel. Deshalb Vorsicht, wenn er in die Hände von Kindern gelangt!)

Nun wird auch verständlich, weshalb beim Zubereiten eines Salates etwas Öl verwendet wird: Die fettlöslichen Stoffe des Salats werden bereits vom Salatöl aufgenommen. Das erleichtert die Aufnahme der Wertstoffe durch den Körper.

Und warum ist β-Carotin so gesund? Es verleiht der Haut eben nicht nur die charakteristische Farbe, sondern ist darüber hinaus auch ein ganz wichtiges *Pro*vitamin, d. h. es ist eine *Vor*stufe für das lebenswichtige Vitamin A (deshalb auch häufig als Provitamin A bezeichnet). Dieses Vitamin übernimmt entscheidende Funktionen bei der Lichtverarbeitung während des Sehvorgangs.

Dazu noch ein kleiner Zusatzversuch: Setzt man das extrahierte β-Carotin über einen längeren Zeitraum (mehrere Tage) dem Licht aus, so verblasst der Farbstoff allmählich.

„Blaukraut bleibt Blaukraut und Brautkleid bleibt Brautkleid"

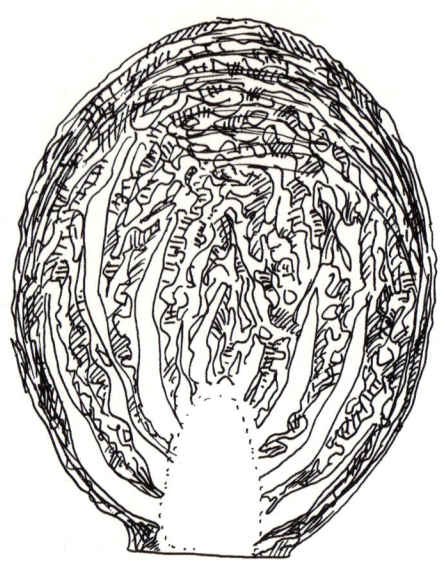

Das Gemüse Rotkohl teilt den deutschsprachigen Raum – ähnlich wie der „Weißwurst-Äquator" – offensichtlich geografisch in zwei Teile: Im Norden heißt es Rotkohl, im Süden Blaukraut: Aber es ist immer ein und dasselbe Gemüse – nur anders zubereitet.

■ *benötigte Materialien:*
- Rotkohlsaft (frisch gepresst oder aus einem Rotkohlglas),
- Zitronensaft oder Essig,
- Backpulver (Natriumhydrogencarbonat) in Wasser gelöst,
- drei Glasschälchen,
- Behälter mit ca. 100 ml Wasser zum Verdünnen,
- Teelöffel,
- vorsichtshalber auch ein feuchtes Tuch, falls Rotkohlsaft-Flecken entstehen.

■ *Durchführung:*
Zwei Teelöffel Rotkohlsaft werden in jedes der drei Schälchen gegeben. Zum Verdünnen der intensiven Rotkohlfarbe
wird so viel Wasser zugefügt, bis die Flüssigkeit gerade durch-
sichtig wird. In eines der Schälchen gibt man nun etwas
Zitronensaft oder einen Teelöffel Essig. In das zweite Schälchen gibt man etwas in Wasser gelöstes Backpulver. Das
dritte Schälchen dient zum Farbvergleich.

■ *Was ist zu beobachten?*
Rotkohlsaft färbt sich nach Zugabe von Zitronensaft oder
Essig rot, nach Zugabe von Backpulver blau.

■ *Erklärung:*
Die Farbveränderung, die hier durch Zugabe von Lebensmitteln hervorgerufen wurde, kann man auch allgemeiner
fassen: Säuren färben Rotkohlsaft rot, Laugen – auch Wasch-
laugen – färben Rotkohlsaft blau.

39

Solche Stoffe, die nach Zugabe von Säuren und Laugen einen Farbwechsel zeigen, sind in der Chemie ganz wichtig, denn mit ihrer Hilfe kann man aufgrund des Farbwechsels Rückschlüsse auf die Art des zugeführten Stoffes machen. Man nennt Stoffe, die einen solchen Farbwechsel zeigen, auch „Indikatoren". Das Wort kommt aus dem Lateinischen („indicare" = anzeigen).

Vielleicht kennt Ihr Kind schon andere Lebensmittel, die sauer schmecken – etwa Früchte wie Apfelsinen oder Mandarinen, Brausepulver etc. Auch Laugen sind vielleicht schon bekannt: Seife, Spülmittel, Haarwaschmittel etc. Durch Zugabe dieser Stoffe zu Rotkohlsaft kann der Indikator, aber auch das zugeführte Material überprüft werden.

Und noch eine Erweiterung des Versuchs: Was geschieht wohl, wenn wir zu dem durch Zitronensaft oder Essig rot gefärbten Rotkohl etwas Backpulverlösung geben? Und umgekehrt, was beobachten wir, wenn wir zur blau gefärbten Rotkohllösung mit Backpulver etwas Zitronensaft oder Essig geben? Allmählich erscheint wieder die Ausgangsfarbe des Rotkohlsafts, und dann schlägt die Farbe weiter um.

Ein natürlicher Fleckentferner

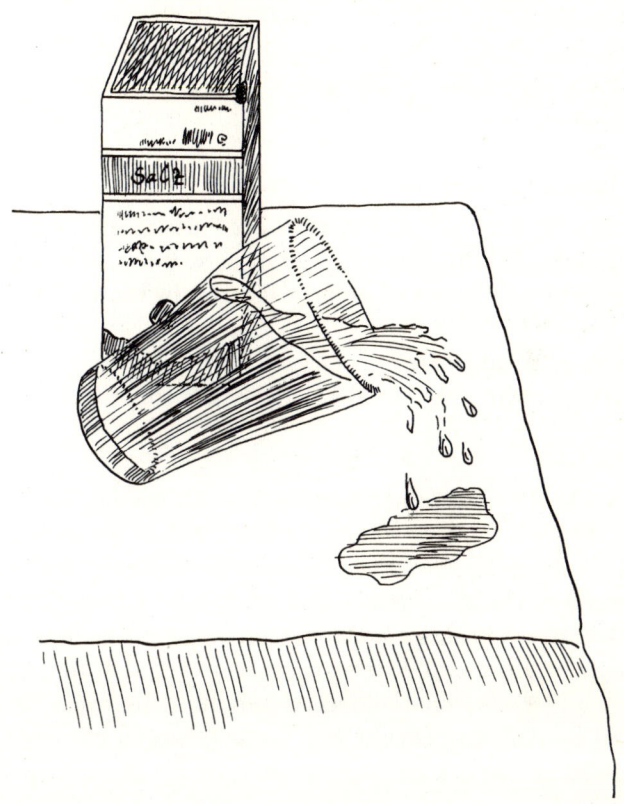

Johannisbeersaft, Rote-Bete-Saft, Rotwein – in einem Glas sehen die farbenprächtigen Flüssigkeiten allesamt schön aus, aber auf dem Teppich, auf einem Kleid oder der Tischdecke ist's mit der Ästhetik vorbei. Ein altes Hausmittel gegen diese Flecken ist Salz. Wenn man es schnell und in großen Mengen auf die gerade entstandenen Flecken gibt, kann das Malheur in seinen Auswirkungen deutlich verringert werden. Was da genau geschieht, zeigt das folgende Experiment.

■ *benötigte Materialien:*
- einige Tropfen Johannisbeer- oder Rote-Bete-Saft
  (oder Rotwein),
- ein weißes Küchentuch aus Baumwolle
  (oder ein alter weißer Lappen),
- Kochsalz.

■ *Durchführung:*
Lassen Sie Ihr Kind einige Milliliter der Flüssigkeit auf das Tuch tropfen. Anschließend soll sofort so viel Kochsalz auf den roten Flecken gestreut werden, dass er völlig verdeckt ist.

■ *Was ist zu beobachten?*
Nach einigen Minuten verfärbt sich das Salz rot.

■ *Erklärung:*
Kochsalz besteht aus einem Gemisch verschiedener Salze. Neben Natriumchlorid – mengenmäßig ist dies der größte Anteil des Kochsalzes – ist vor allem auch Magnesiumchlorid enthalten. Darüber hinaus sind auch iod- und fluorhaltige Salze im Kochsalz zu finden – eben all die Salze, die im Meerwasser gelöst sind. Salzlagerstätten haben sich vor Urzeiten gebildet, als sich das Meerwasser, mit dem früher ein Großteil des Landes bedeckt war, zurückgezogen hat bzw. verdunstet ist. Zurück blieben die Salze, die im Meerwasser gelöst waren.

Magnesiumchlorid hat nun eine besondere Eigenschaft: Es zieht Wasser geradezu an. Man nennt solche wasseranziehenden Stoffe auch „hygroskopisch" (von griech. „Hygros" = Feuchtigkeit und „skopein" = haben wollen). Magnesiumchlorid zieht Wasser deshalb so stark an, weil es sich besonders gut in Wasser lösen kann. Nicht alle Salze sind nämlich gleich gut löslich. Dies hängt vom jeweiligen Kristallaufbau ab. Magnesiumchlorid ist in Wasser besser löslich als beispielsweise Natriumchlorid.

Der Saft auf dem Küchentuch wird von dem wasseranziehenden Magnesiumchlorid nun angesaugt und mit dem Wasser zugleich auch der rote Farbstoff.

Befindet sich die Flüssigkeit jedoch auf einem sehr saugfähigen Material, etwa Watte oder Küchenpapier, dann konkurrieren die wasseranziehenden Kräfte miteinander und der Saft bleibt schließlich im saugfähigeren Stoff. Deshalb gelingt dieses Experiment auch am besten auf einem Küchentuch aus Baumwolle, das nicht sehr saugfähig ist.

Zusatzexperiment: Lassen Sie Ihr Kind die hygroskopische Wirkung von Magnesiumchlorid ausprobieren, indem es Saft auf unterschiedliche Unterlagen gibt: auf ein Stück Küchenpapier, ein Papiertaschentuch, auf Alufolie oder Watte. Anschließend wird wieder Kochsalz auf die Flecken gegeben und verglichen.

Kochsalz, das nur geringe Mengen an Magnesiumchlorid enthält und einen hohen Natriumchlorid-Gehalt hat – meist besteht es aus großen Natriumchlorid-Kristallen, die in Salzmühlen als Ersatz für Salzstreuer zerkleinert werden –, zeigt die hier beschriebene hygroskopische Wirkung entsprechend weniger ausgeprägt.

Übrigens: Kochsalz verdankt seinen Namen nicht der Tatsache, dass es zum Kochen verwendet wird, sondern dem historischen Verfahren, mit dem es gewonnen wurde: Salzlager wurden unter Wasser gesetzt, es entstanden sogenannte Sole, also Salzlösungen, die eingekocht wurden, so dass schließlich das feste Kochsalz zurückblieb. Ein solches Experiment ist auf Seite 85 unter dem Titel „Was die Wassertemperatur mit der Löslichkeit von Salz und Zucker zu tun hat" beschrieben.

Brausepulver und Brauselimonade –
selbst gemacht!

Brausepulver kann man am Kiosk in kleinen Tütchen kaufen. Mit Zitronen-, Himbeer- oder Waldmeister-Aroma schmecken sie besonders lecker, sie prickeln, wenn man daran schleckt, und sie sind erfrischend. Aber um Brausepulver zu schlecken, braucht man nicht extra zum Kiosk zu gehen; das kann man nämlich auch selbst herstellen – und in kleine Tütchen abfüllen kann man es anschließend auch.

Es schmeckt dann zwar nicht ganz so aromatisch, ist aber eine Eigenproduktion, deren chemischen Hintergrund man sogar versteht!

▪ *benötigte Materialien:*
- Backpulver (aus Natriumhydrogencarbonat!),
- Zitronensäure (erhältlich als Backhilfsmittel),
- Puderzucker,
- Wasser,
- 1 Glas,
- 1 Schälchen,
- 1 Esslöffel.

▪ *Durchführung:*
Sieben Esslöffel Zucker, zwei Esslöffel Zitronensäure und 1 Esslöffel Natriumhydrogencarbonat werden in einem Schälchen unter Rühren vermischt.

▪ *Was ist zu beobachten?*
1. Wenn Ihr Kind nun – wie mit Brausepulver üblich – ein kleines bisschen mit der Zungenspitze aufnimmt, wird es das charakteristische Prickeln wahrnehmen. Der Geschmack ist allerdings eher enttäuschend, weil keine künstlichen Aromastoffe zugesetzt wurden, wie sonst

bei Brausepulver üblich – daher wirklich nur ein bisschen probieren, denn Natriumhydrogencarbonat hat einen faden Eigengeschmack.

> Es ist ganz wichtig, dass Sie Ihr Kind noch einmal darauf aufmerksam machen, beim chemischen Experimentieren ansonsten nie etwas in den Mund zu nehmen. Dieser Versuch bildet eine seltene Ausnahme!

2. Fordern Sie Ihr Kind auf, nun einen Esslöffel des Brausepulvers in ein mit Leitungswasser gefülltes Glas zu geben: Es sprudelt heftig, und nach einiger Zeit ist eine trinkbare Brauselimonade entstanden, aus der noch über lange Zeit Kohlendioxidbläschen aufsteigen.

■ *Erklärung:*
Wenn man Backpulver, also Natriumhydrogencarbonat, Zucker und Zitronensäure miteinander vermischt, geschieht zunächst überhaupt nichts, außer dass nun aus den einzelnen Ausgangsstoffen ein Gemisch entstanden ist. Gelangt nun Feuchtigkeit – etwa in Form von Speichel – an dieses Brausepulvergemisch, so setzt sofort eine chemische Reaktion ein, die etwa folgendermaßen zu beschreiben ist:

Die einzelnen Bestandteile der Mischung lösen sich im Wasser bzw. im Speichel, und da sie alle leicht löslich sind, geschieht dies ziemlich schnell. Die im Wasser gelöste Zitronensäure reagiert nun mit Natriumhydrogencarbonat, das ja ebenfalls im Wasser gelöst ist. Dabei entsteht nach und nach gasförmiges Kohlenstoffdioxid, das auf der Zungenspitze als Prickeln wahrgenommen wird. Aus Leitungswasser wird aus einer Brausepulvermischung eine sprudelnde Limonade.

Die Zersetzung von Backpulver bzw. Natriumhydrogencarbonat wird durch viele Säuren ausgelöst, so z. B. auch durch Essigsäure – aber dann kann man den selbst hergestellten Sprudel nun wirklich nicht mehr trinken!

Ein Experiment, bei dem wir Backpulver mit Essigsäure zersetzen, ist unter dem Titel „Ein selbstgebauter Mini-Feuerlöscher" auf Seite 70 beschrieben.

… und hier noch eine weitere Verwendung von Natriumhydrogencarbonat, die vielleicht mehr für die Erwachsenen von Interesse ist: Es hilft auch bei Sodbrennen, also einer Übersäuerung des Magens, die z. B. häufig nach Alkoholkonsum oder einem opulenten Mahl entsteht. Auch die Magensäure reagiert mit Natriumhydrogencarbonat, so dass Kohlenstoffdioxidgas entsteht. Mit dem verbleibenden „Rest" wird die Magensäure nach und nach neutralisiert. Auf diese Weise wirkt Alka-Selzer®, eine Mischung aus Zitronensäure, Natriumhydrogencarbonat und Acetylsalicylsäure, wobei letzteres die Kopfschmerzen vertreiben soll. Wenn Sie also einmal Sodbrennen haben und von Kopfschmerzen verschont bleiben, dann hilft auch einfaches Backpulver aus Natriumhydrogencarbonat.

Zum Schluss noch ein Satz zur Wirkungsweise von Backpulver beim Kuchenbacken: Natriumhydrogencarbonat reagiert nicht nur mit Säuren, sondern gibt auch bei hohen Temperaturen Kohlenstoffdioxidgas frei, das sich seinen Weg durch den Kuchenteig bahnt. Dabei bläht der Kuchen auf. Nach einiger Zeit werden die durch Kohlenstoffdioxid

gebildeten Gänge durch das Eiweiß im Kuchen (s. Versuch Seite 32 „Kann ein hart gekochtes Ei wieder flüssig werden?") stabilisiert, denn auch das ursprünglich flüssige Eiweiß wird bei den hohen Temperaturen verändert, es „koaguliert" und wird hart.

... und wenn man zu ungeduldig ist und dem Kuchen für all diese Vorgänge nicht genügend Zeit lässt, dann fallen die kleinen Kohlenstoffdioxid-Gänge unter dem Gewicht des Teiges wieder zusammen!

Warum platzen Kirschen bei einem Sommerregen?

... vielleicht weil der Regentropfen von so weit oben herunterfällt und dann mit so hoher Geschwindigkeit auf die Kirsche prallt, dass die Haut aufspringt?

Damit hat es zum Glück nichts zu tun, denn dann würden Regenschirme ja auch durchlöchert – und auf unserem Kopf würde ein Regentropfen ebenfalls Unheil anrichten. Es liegt am Wasser – und was da genau geschieht, zeigt das folgende Experiment.

▨ *benötigte Materialien:*
– Obst, das mit einer dünnen Haut umgeben ist:
   z. B. Mandarinenscheiben, Kirschen, Trauben etc.,
– Bügelwasser, d. h. sogenanntes destilliertes
   bzw. entionisiertes Wasser,
– 1 Schälchen.

■ *Durchführung:*

Fordern Sie Ihr Kind auf, zwei etwa gleich große Obststückchen auszuwählen, z. B. zwei gleich große Mandarinenscheiben oder zwei gleich große Kirschen. Lassen Sie Ihr Kind etwas Bügelwasser in das Schälchen füllen. Anschließend wird das eine Stückchen Obst in das Schälchen mit dem Bügelwasser gelegt. Das andere Obststückchen bleibt unbehandelt und dient zum Vergleich.

■ *Was ist zu beobachten?*

Nach einigen Minuten nimmt das Volumen des Obststückchens im Bügelwasser zu, während das unbehandelte Obst unverändert bleibt.

■ *Erklärung:*

Bügelwasser unterscheidet sich von „normalem" Leitungswasser dadurch, dass es keinerlei gelöste Salze enthält. Das ist wichtig, damit das Dampf-Bügeleisen, in dem das Wasser bei hohen Temperaturen verdampft, keine Kalkrückstände hinterlässt. (Diese würden die Wärme nur schlecht weiterleiten. Das Bügelergebnis sähe bald entsprechend aus.) Auch Regenwasser ist „weicher" als Leitungswasser, denn es besteht aus verdunstetem Wasser, das beim Erwärmen aufgestiegen ist, Regenwolken gebildet hat und schließlich auf die Erde heruntergeregnet ist. Wenn Regenwasser auf die Kirsche am Baum fällt, dann enthält es nur ganz wenige Salze.

Auch in der Kirsche ist Wasser enthalten. In diesem Wasser sind jede Menge Stoffe gelöst, z. B. Fruchtzucker, Vitamine, so genannte Spurenelemente und viele andere Stoffe, die eben den typischen Kirschgeschmack ausmachen. Wenn nun das salzarme Regenwasser an der Kirsche haften bleibt, geschieht Folgendes: Durch die dünne Haut der Kirsche dringt das salzarme Wasser in die Kirsche und verdünnt so das Wasser in der Kirsche. Man nennt solch einen Vorgang auch Diffusion. Regenwasser diffundiert durch die Kirsch-

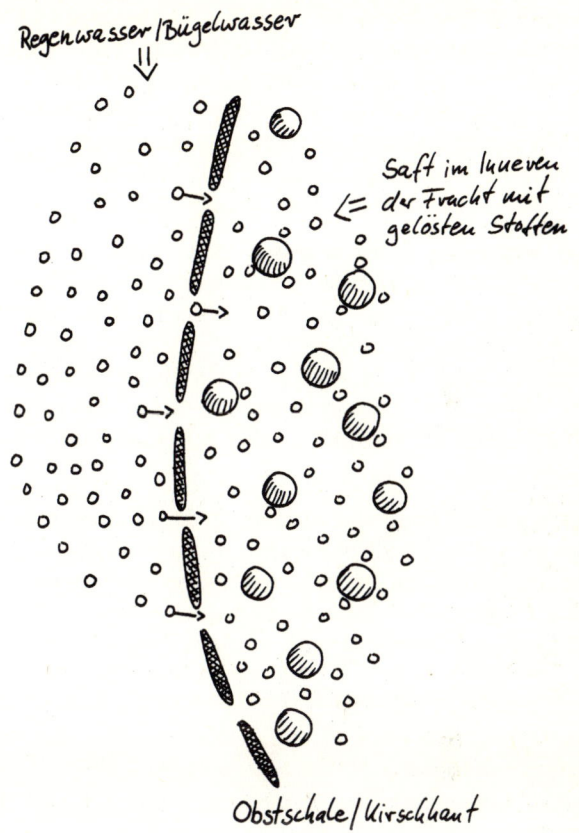

Regenwasser / Bügelwasser

Saft im Inneren der Frucht mit gelösten Stoffen

Obstschale / Kirschhaut

haut ins Innere der Kirsche. Dadurch nimmt ihr Volumen zu, und wenn sehr viel Regenwasser in die Kirsche eingedrungen ist, dann platzt die Kirschhaut schließlich auf.

Mit dem Stückchen Obst im Schälchen geschieht genau dasselbe: Bügelwasser dringt durch die dünne Obsthaut ins Innere, in dem das Wasser viele gelöste Salze enthält: die Mandarinenscheibe bzw. die Kirsche schwillt an. Im Vergleich zum unbehandelten Oststückchen wird sie deutlich größer.

Deshalb darf Bügelwasser – auch bei noch so großem Durst – niemals getrunken werden, denn auch unsere Körperflüssigkeit enthält sehr viele gelöste Salze, die wir zum Leben dringend benötigen. Destilliertes bzw. entionisiertes Wasser würde in die Zellen eindringen, in denen Zellflüssigkeit mit höherer Konzentration an Salzen enthalten ist: Die Zellfunktionen würden erheblich gestört und aus dem Gleichgewicht gebracht.

Und noch etwas zu den Begriffen „destilliertes" und „entionisiertes" Wasser: Früher hat man Wasser von Salzen durch Destillation getrennt. Das natürliche Wasser wurde zum Sieden erhitzt und der Wasserdampf, der keinerlei Salze mehr enthält, wurde in einem Gefäß aufgesammelt. Heute verwendet man dazu sogenannte Ionenaustauscher. Die im Wasser gelösten Salze bleiben am Ionenaustauscher haften und das Wasser ist frei von Salzen.

Regenwasser kann im Unterschied zu destilliertem bzw. entionisiertem Wasser bedenkenlos getrunken werden, denn so ganz frei von natürlichen Salzen ist Regenwasser nie: immer werden beim Regnen Partikel aus der Luft mitgerissen. Die Diffusion ist dadurch also nicht so stark wie beim Bügelwasser.

Ein Frühstücksei – chemisch „geköpft"?

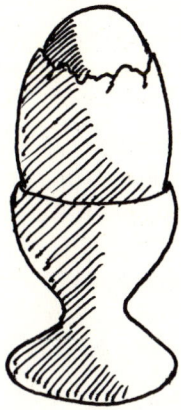

Wie isst man eigentlich ein Frühstücksei? Nimmt man es mit der Etikette genau, hat man es da schwer. Für die einen ist es „out", das Ei mit dem Messer zu köpfen; für die anderen ist es zu aufwendig, mit dem Löffel die Schale aufzuklopfen, um sich dann nach mühsamer Schälarbeit dem Ei-Innern zu nähern.

In der hitzigen Diskussion um die Frühstücksei-Etikette ist bislang eine dritte Variante – die chemische nämlich – völlig unberücksichtigt geblieben... Um die geht es im folgenden Experiment.

■ *benötigte Materialien:*
– Eierschalen (es genügen kleine Mengen),
– Essig,
– 1 Schälchen.

■ *Durchführung:*
Fordern Sie Ihr Kind auf, die Eierschalen in das Schälchen zu legen und so viel Essig zuzugeben, bis die Eierschalen ganz bedeckt sind.

■ *Was ist zu beobachten?*
Nach einigen Sekunden steigen Bläschen auf. Diese Gasentwicklung kann über einen langen Zeitraum beobachtet werden. Mit der Zeit wird die Eierschale ein wenig brüchig.

■ *Erklärung:*
Eierschalen bestehen zu einem großen Anteil aus Calciumcarbonat (auch Kalk genannt), einer in der Natur weit verbreiteten Verbindung, die auch am Knochenaufbau beteiligt ist, aber auch als Gestein in Marmor oder Kalkspat zu finden ist.

Gibt man zu Calciumcarbonaten Wasser, dann geschieht überhaupt nichts – und das ist auch gut so, denn schließlich sollen sich Eierschalen und Knochen ja nicht auflösen. Mit einer 5-prozentigen Essiglösung, wie sie beispielsweise im Haushalt verwendet wird, beginnt Calciumcarbonat dagegen sofort zu reagieren, indem sich Kohlenstoffdioxidgas entwickelt, das in Form von Gasbläschen entweicht. Hinter dieser chemischen Reaktion steckt das gleiche Prinzip, das auch in dem Experiment „Ein selbstgebauter Mini-Feuerlöscher" (S. 70) beschrieben ist: Säuren reagieren mit Carbonaten. Dabei wird Kohlenstoffdioxidgas freigesetzt.

Chemisch kann man das auch so formulieren: Eine stärkere Säure verdrängt eine schwächere Säure aus ihrem Salz. Essigsäure ist „saurer" als Kohlensäure (Calciumcarbonat ist ein Salz der Kohlensäure). Aus Calciumcarbonat bildet sich deshalb unter Einwirkung von Essigsäure die Kohlensäure – und die zerfällt, wie wir täglich an „kohlensäurehaltigen" Mineralwasserflaschen beobachten können, in Wasser und Kohlenstoffdioxidgas.

Noch einmal zurück zum Frühstücksei: Wie der Versuch zeigt, dauert es doch einige Zeit, bis sich die Hühnerei-Schale in Essig auflöst: Die chemische Variante ist also nur etwas für ganz Geduldige und solche, die eine Menge Zeit zum Frühstücken haben. Für die anderen bleibt's doch besser beim „Köpfen" oder beim Schälen von Hand!

Entkalker selbst gemacht

Carbonate befinden sich nahezu überall, nicht nur in Eierschalen: in Knochen und im Backpulver, auch viele Ge-
steine – etwa Marmor oder Kalkstein – bestehen aus Carbonaten. Über das Wasser gelangen die Carbonate dann
schließlich auch an die Stellen, wo wir sie im Haushalt
eigentlich nicht gerne sehen: in die Kaffeemaschine, an den
Wasserhahn, auf den Waschbeckenrand usw.

Wenn sich, wie wir im vorigen Experiment gesehen haben, Eierschalen in Essig auflösen können – ob das dann auch mit Kalkablagerungen am Beckenrand gelingt?

■ *benötigte Materialien:*
- gut sichtbare Kalkablagerung (am Beckenrand rund um den Wasserhahn oder an der Badewanne),
- 1 Schälchen,
- Essig,
- 1 Teelicht,
- Feuerzeug,
- 1 Esslöffel.

■ *Durchführung:*
Fordern Sie Ihr Kind auf, mit dem Esslöffel etwas Essig auf die Kalkablagerung zu geben und zu beobachten. Erwärmen Sie den Essig anschließend leicht. Dies kann beispielsweise dadurch geschehen, dass Sie etwas Essig auf einen Esslöffel geben und diesen kurze Zeit über eine Teelichtflamme halten. Fordern Sie Ihr Kind nun auf, diesen erwärmten Essig auf die Kalkablagerung (oder zum Vergleich auf eine andere Kalkablagerung) zu geben.

■ *Was ist zu beobachten?*
Nach der Zugabe des kalten Essigs steigen allmählich vereinzelte Gasbläschen auf. Nach Zugabe des warmen Essigs ist vermehrte Gasbildung zu beobachten.

■ *Erklärung:*
Essig ist eine Säure (zum Nachweis: Vergleichen Sie einmal die Farbveränderung von Blaukraut bzw. Rotkohl, wenn Sie Essig zu dem Farbstoff geben! S. Experiment „Blaukraut bleibt Blaukraut und Brautkleid bleibt Brautkleid", S. 38)

So wie bei der Eierschale im vorigen Experiment wird auch bei Kalkablagerungen nach Zugabe der Säure Essig die etwas schwächere Säure Kohlensäure aus den Carbonaten freigesetzt. Kohlensäure zerfällt schließlich in Wasser und Kohlenstoffdioxidgas, das in Form von Bläschen sichtbar wird.

Und weshalb gelingt das Entkalken mit erwärmtem Essig schneller? Nahezu alle chemischen Reaktionen laufen doppelt so schnell ab, wenn die Temperatur nur um 10 °C erhöht wird. Deshalb löst sich Zucker in heißem Tee bzw. in heißem Wasser sichtbar schneller auf als in kaltem Wasser, und deshalb bevorzugen wir vor allem im Sommer einen Kühlschrank, damit die Nahrungsmittel nicht so schnell verderben (s. auch Experiment „Was die Wassertemperatur mit der Löslichkeit von Salz und Zucker zu tun hat" auf S. 85).

Normalerweise hat Essig eine Zimmertemperatur von rund 20 °C. Über einem Teelicht erhitzt, steigt die Temperatur schnell auf 50–60 °C an. Die Entkalkungsgeschwindigkeit hat sich bei 30 °C gegenüber Zimmertemperatur verdoppelt, bei 40 °C vervierfacht und bei 50 °C sogar verachtfacht. Nun wird auch verständlich, weshalb eine verkalkte Kaffeemaschine mit heißem Essig entkalkt werden kann, wenn das Essigwasser auf nahezu Siedetemperatur von rund 100 °C erhitzt wird.

Zum Entkalken wird häufig Ameisensäure, vom Hersteller konfektioniert und dosiert, verwendet. Sie ist etwas aggressiver als Essigsäure, ansonsten aber der Essigsäure im chemischen Aufbau sehr ähnlich. Versuchen Sie doch einfach beim nächsten Mal mit Essig zu entkalken – natürlich frei von Basilikum- oder Estragon-Zusätzen!

Zusatzexperiment: Entkalken mit Cola?

Das folgende Zusatzexperiment zum Thema Entkalken soll Ihrem Kind und Ihnen verdeutlichen, wie einfach es ist, mit chemischen Experimenten eine falsche Information zu vermitteln. Dies passiert vor allem dann, wenn die chemischen Zusammenhänge nur unvollständig erklärt werden, und das sichtbare Phänomen zugleich einen tiefen Eindruck hinterlässt.

Cola, in Mengen getrunken, ist ungesund. Um dies zu verdeutlichen, wird oftmals ein kleiner Hähnchenknochen in Cola gelegt. Nach einigen Tagen ist der Knochen kleiner geworden. Fazit: Wer viel Cola trinkt, lebt gefährlich, denn das ätzende Getränk löst sogar „knochenharte" Körperteile auf. Ist das wirklich so?

■ *benötigte Materialien:*
- gut sichtbare Kalkablagerung (am Beckenrand rund um den Wasserhahn oder an der Badewanne),
- 1 Schälchen,
- etwas Cola.

■ *Durchführung:*
Lassen Sie Ihr Kind etwas Cola auf den Beckenrand gießen.

■ *Was ist zu beobachten?*
Nun – zunächst sieht der verkalkte Beckenrand noch „schmutzig" aus, denn Cola hinterlässt tiefbraune Spuren.

Da Cola-Getränke kohlensäurehaltig sind, ist im Unterschied zum vorigen Experiment keine Gasbildung zu beobachten. Nach einiger Zeit (mit erwärmter Cola geht es etwas schneller) ist der Kalkrand deutlich kleiner geworden.

■ *Erklärung:*
Colagetränke enthalten normalerweise Phosphorsäure. Auch diese Säure reagiert – ähnlich wie Essig – mit Carbonaten: Es bildet sich Kohlensäure, die in Kohlenstoffdioxidgas und Wasser zerfällt. Phosphorsäure ist aber gar nicht ungesund, auch nicht, wenn sie Kalkablagerungen oder Kohlensäure auflöst. Im Gegenteil, Phosphate – chemisch mit Phosphorsäure verwandt – zählen zu den Salzen, die in unserem Körper lebenswichtige Funktionen beim Energietransport übernehmen.

Und außerdem: Niemals würde Cola direkt an unsere Knochen gelangen: Sie gelangt zunächst in den Magen, und dort findet sie einen ganz besonders sauren Saft, den Magensaft aus Salzsäure vor, der hilft, unsere Speisen zu verdauen.

Das eigentlich Ungesunde an Colagetränken ist also nicht die vermeintlich knochenauflösende Wirkung der Phosphorsäure, sondern ganz einfach der hohe Anteil an Zucker. Ein Liter Colagetränk enthält ca. 100 g Zucker! Auch der Coffein-

Gehalt hat – für Kinder und beim Trinken größerer Mengen Cola – eine ungesunde Wirkung!

Dieses Experiment zeigt, wie anfällig wir bei mangelnden naturwissenschaftlichen Kenntnissen für Fehlinformationen sind. Und die werden uns nicht nur im Zusammenhang mit Colagetränken vermittelt!

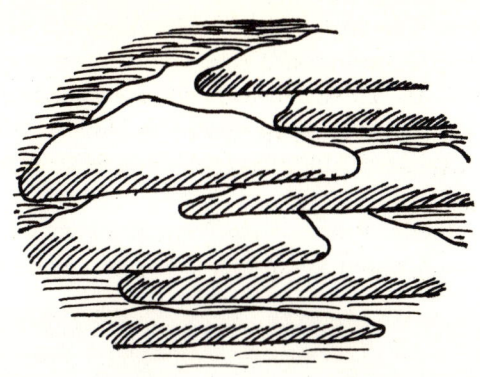

Versuche rund um die Luft

Luft ist nicht nichts!

Für den Optimisten ist ein zur Hälfte gefülltes Glas *halb voll*, für den Pessimisten ist es *halb leer* – und für den Naturwissenschaftler ist es *immer ganz voll...*

■ *benötigte Materialien:*
- 1 große durchsichtige Salatschüssel,
  zur Hälfte mit Wasser gefüllt,
- 1 Glas, mit Wasser gefüllt,
- 1 Glas, leer,
- 2 Gummibärchen,
- 1 Aluminiumgehäuse eines Teelichts,
- Wattebausch oder Stoff zum Auslegen des
  Aluminiumgehäuses.

■ *Durchführung mit Beobachtung:*
Können eigentlich zwei Gummibärchen unter Wasser tauchen, ohne nass zu werden? Können sie! Mit einem Taucheranzug zum Beispiel. Es geht aber auch viel einfacher...
    Zunächst wird eines der beiden Gläser mit Wasser gefüllt

– das andere Glas bleibt „leer". Für Kinder ist es zunächst sehr schwierig, Luft als Materie, als etwas gegenständlich Vorhandenes zu erfassen, da sie nicht sichtbar ist. Wenn Sie Ihr Kind also fragen, was in welchem Glas ist, wird es vermutlich antworten: „In dem einen ist Wasser, in dem anderen nichts."

Fordern Sie Ihr Kind auf, das leere, trockene Glas mit der Öffnung nach unten vorsichtig in die mit Wasser gefüllte

Salatschüssel zu tauchen und anschließend wieder heraus-zunehmen: Die Innenwand des Glases ist trocken geblieben.

Dann wird das Glas erneut ins Wasser getaucht, nun aber schräg gehalten, so dass Luftblasen entweichen und aufstei-gen können. Also muss in dem „leeren" Glas ja doch etwas drin gewesen sein…

Und was hat das alles mit dem Wunsch unserer beiden Gummibärchen zu tun? Die Gummibärchen werden in das zuvor mit Watte ausgelegte Alu-Gehäuse gelegt und auf das Wasser in der Salatschüssel gesetzt. Dann wird das mit Luft gefüllte Glas mit der Öffnung nach unten über das Alu-Gehäuse mit den Gummibärchen gestülpt und nach unten gedrückt. Durch die durchsichtige Wand der Salatschüssel ist zu beobachten, dass die Watte, auf der die Gummibär-chen liegen und die Gummibärchen selbst nicht nass wer-den.

■ *Erklärung:*
Dort, wo Luft ist und diese nicht entweichen kann – so z. B.
bei einem umgestülpten Glas unter Wasser –, kann auch kein
Wasser eindringen. Allgemeiner formuliert: „Dort, wo ein
Gegenstand ist, kann zur gleichen Zeit kein anderer Gegen-
stand sein."

Kein Flaschengeist – alles nur heiße Luft!

Der Trocken-Tauchversuch der beiden Gummibärchen im
vorigen Experiment hat eindeutig gezeigt: Luft ist nicht nur
„draußen" im Freien, wenn man mal an die „frische Luft"
geht, sondern überall, sogar in einem unscheinbaren, vermeintlich leeren Glas. Dass Luft tatsächlich nicht nichts ist,
obwohl man sie nicht sehen kann, zeigt auch der nächste
Versuch, der häufig unter dem Namen „Flaschengeist" bekannt ist. Aber mit Geistern und Zauberei hat er – wie so
ziemlich alles in der Physik und Chemie – nichts zu tun!

■ *benötigte Materialien:*
– 1 Glasflasche, leer – also nur mit Luft gefüllt,
– 1 Münze,
– 1 Schüssel mit sehr warmem Wasser.

Der Flaschenhals sollte möglichst unversehrt und eben sein,
und auch die Münze sollte vollkommen flach sein und keinerlei Unebenheiten aufweisen, durch die die Luft entweichen kann!

■ *Durchführung:*
*Psst! Bei diesem Versuch sollte es ganz leise zugehen, denn
hier kommt es ganz auf die akustische Wahrnehmung an!*
   Zunächst muss sehr warmes Wasser zu etwa zwei Drit-
teln in eine hohe Schüssel gefüllt werden. Fordern Sie ihr
Kind auf, die Münze auf den Flaschenhals zu legen, so dass

die Flasche ganz verschlossen ist. Ganz vorsichtig, ohne dass die Münze verrutscht, wird nun die Flasche in das warme Wasser gestellt und mit den Händen festgehalten, damit sie nicht umkippen kann. Und jetzt äußerste Ruhe und Konzentration!

■ *Was ist zu beobachten?*
Die Münze erzeugt einen Klang.

■ *Erklärung:*
Durch das warme Wasser wird die Luft in der Flasche allmählich erwärmt. Dabei dehnt sie sich aus und hebt die Münze leicht vom Flaschenhals an. Wenn die Münze anschließend auf den Flaschenhals herunterfällt, erzeugt sie einen vernehmbaren Klang.

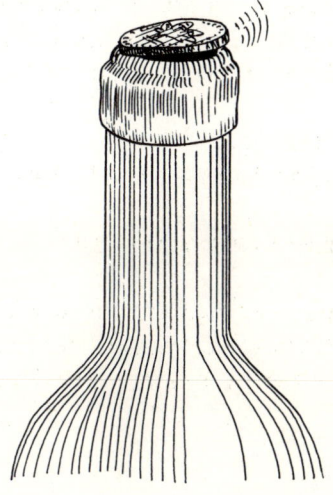

Besonders eindrucksvoll gelingt das Experiment, wenn die Flasche zuvor im Kühlschrank gekühlt wurde, weil sich dann die kalte Luft in dem warmen Wasser noch mehr ausdehnt. Mit großen Flaschen, die mehr Luft fassen können, gelingt der Versuch besonders gut.

Luft zum Abfüllen

Will man eine Flüssigkeit von einem Glas in ein anderes umgießen, so ist das in der Regel recht unkompliziert. Auch Feststoffe, etwa Sand oder Zucker, kann man leicht von einem Behälter in einen anderen Behälter umfüllen. Aber versuchen Sie einmal, Luft von einem Glas in ein anderes zu gießen…

■ *benötigte Materialien:*
- 1 große durchsichtige Salatschüssel,
  zur Hälfte mit Wasser gefüllt,
- 2 Gläser.

■ *Durchführung:*

Zu diesem Experiment ist etwas Geschicklichkeit erforderlich, und der Küchentisch kann einige Wasserspritzer abbe-
kommen!

Machen Sie den Versuch zunächst einmal vor; dann hat
es Ihr Kind etwas leichter.

Füllen Sie eines der Gläser mit Wasser, tauchen Sie es in
die Schüssel und drehen Sie es unter Wasser mit der Öffnung
nach unten, ohne dass der Wasserspiegel im Glas sinkt. Nun
drücken Sie mit der anderen Hand das leere Glas mit der
Öffnung nach unten in die Schüssel. Halten Sie die beiden
Gläser dicht nebeneinander. Bringen Sie nun das luftgefüllte
Glas in eine Schräglage, so dass die Glasblasen in das mit
Wasser gefüllte Glas entweichen können.

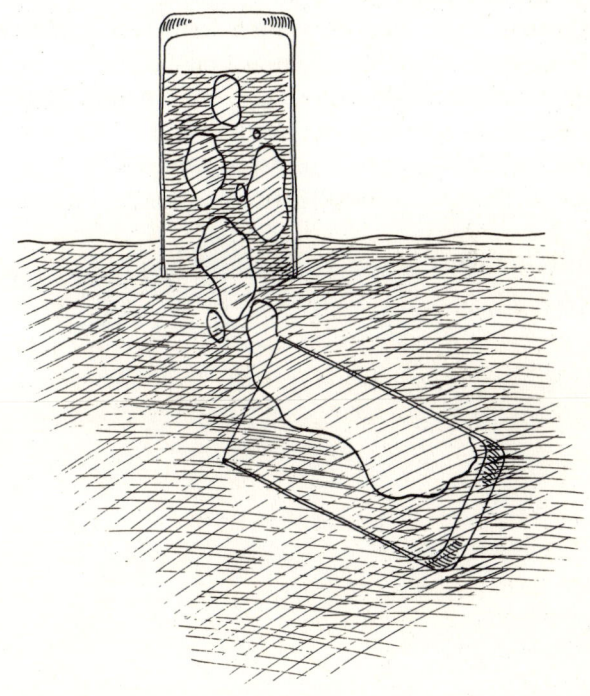

■ *Was ist zu beobachten?*
Die Luftblasen steigen in dem mit Wasser gefüllten Glas nach oben und verdrängen dort allmählich das Wasser. Schließlich ist ein großer Teil des Wassers – gut sichtbar – durch Luft verdrängt.

■ *Erklärung:*
Luft ist leichter als Wasser und entweicht nach oben. Wird sie in ein mit Wasser gefülltes Glas eingeleitet, so steigt sie auch dort nach oben und muss dabei das Wasser verdrängen.

Würde man versuchen, Luft – ähnlich wie Limonade oder Milch – von einem Glas in ein anderes zu gießen, so würde dies nicht gelingen, denn sie müsste, um auf den Grund des zweiten Glases zu gelangen, schwerer sein als die in dem Glas befindliche Luft.

Allgemein kann man dies folgendermaßen ausdrücken: Das Umgießen von Flüssigkeiten und Feststoffen gelingt immer außerhalb des Wassers. Gase mit einem großen Auftrieb, d. h. Stoffe, die sehr viel leichter sind als Wasser, können nur „unter Wasser" umgegossen werden.

Versuche rund um die Kerze

Die Kerze löschen

Zu den nahezu unumstößlichen und immer wieder einge-
forderten Privilegien der Kinder zählt, dass sie brennende
Kerzen löschen dürfen. In der Regel geschieht dies erfolgreich durch kräftiges Pusten. Warum die Kerze dann erlischt
und welche anderen Möglichkeiten sich sonst noch zum
Löschen einer Kerze bieten, wird dabei selten hinterfragt.
Wir tun das im folgenden Experiment.

▨ *benötigte Materialien:*
- 1 Glas, mit Wasser gefüllt,
- 1 Glas, leer – also nur mit Luft gefüllt,
- mehrere Teelichter,
- 1 Untersetzer,
- Zündhölzer.

▨ *Durchführung, Beobachtung und Erklärung:*
Zünden Sie ein Teelicht an und stellen Sie es auf den dafür
vorgesehenen Untersetzer. Und da nun mal das Kerze-An-
zünden zu den wenigen unumstößlichen Privilegien der Er-

wachsenen zählt, sollten Sie auch hier keine Ausnahme machen! (Im Ernst: Der Versuch soll Ihr Kind nicht dazu verführen, mit Kerzen zu „experimentieren", sondern das Spektrum an Löschmöglichkeiten erweitern, was im Ernstfall ja ganz hilfreich sein kann.)

Füllen Sie – wie schon bei dem Experiment „Luft ist nicht nichts" (vgl. S. 59) ein Glas mit Wasser und stellen Sie ein ähnlich aussehendes „leeres" Glas daneben. Vielleicht erinnert sich Ihr Kind ja noch daran, was in dem einen und was in dem anderen Glas ist...

Fordern Sie Ihr Kind auf, einmal Möglichkeiten zu nennen, Kerzen zu löschen. In der Regel fällt Kindern als erstes das Auspusten der Flamme, vielleicht auch noch das Löschen mit Wasser als Lösung ein.

Um noch auf weitere Lösungsmöglichkeiten zu kommen bzw. diese zu „verstehen", ist es wichtig, dass Sie Ihrem Kind Folgendes erklären: Eine Kerze benötigt beim Brennen Luft (genauer: den Sauerstoff, der in der Luft enthalten ist). Sie erlischt, wenn keine Luft mehr zur Verfügung steht.

Hierzu das Experiment: Was geschieht wohl, wenn Ihr Kind ein mit Luft gefülltes Glas über das Teelicht stülpt? Lassen Sie einmal Prognosen darüber abgeben: Erlischt es nie, erlischt es sofort oder erlischt es allmählich?

Die Prognose kann leicht mit Hilfe des Experiments überprüft werden: Die Kerzenflamme erlischt allmählich, ja, sie kann sogar wieder aufflackern, wenn man das Glas rechtzeitig entfernt – denn nun hat sie ja wieder ausreichend Luft zur Verfügung.

Weshalb eine Kerzenflamme mit Wasser gelöscht werden kann, ist nun auch verständlich: Das Wasser schirmt die Kerzenflamme von weiterer Luftzufuhr ab, sie erlischt.

(Hinweis, falls Ihr Kind diesen Versuch mehrmals wiederholen möchte: Das mit Wasser gelöschte Teelicht ist aufgrund des feuchten Dochts nur noch schwer zu entzünden. Daher empfiehlt es sich, Ersatz-Teelichter bereitzuhalten.)

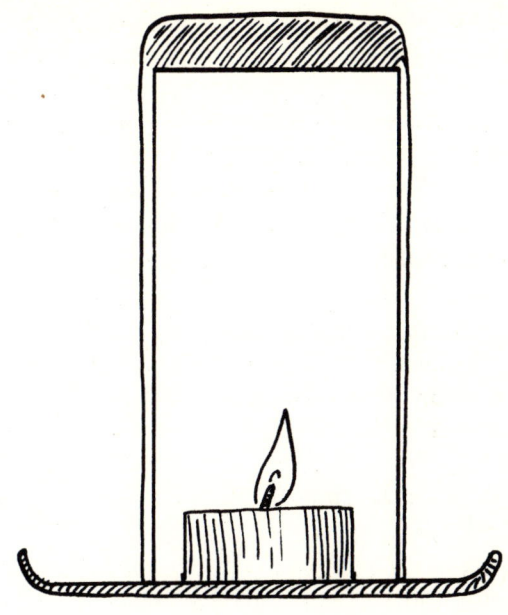

Vielleicht fallen Ihnen und Ihrem Kind nun noch weitere Möglichkeiten ein, wie Flammen zur Not gelöscht werden können: Löschdecken, Löschschaum etc.

Und weshalb erlischt die Kerzenflamme beim Pusten?

Obwohl diese Lösch-Möglichkeit in der Regel als erste einfällt und so häufig praktiziert wird, ist der naturwissenschaftliche Hintergrund nur sehr schwer zu vermitteln und bleibt für Ihr Kind möglicherweise noch unverständlich.

Eine Kerze benötigt zum Brennen nicht nur Luft (Sauerstoff), sondern auch das Kerzenwachs, weshalb es mit der Zeit ja auch immer geringer wird. Und was geschieht da genau? Der angezündete Baumwolldocht erhitzt allmählich das Wachs in seiner Umgebung. Dabei wird aus dem festen Wachs zunächst flüssiges Wachs. Dieses wird vom Docht aufgesogen, nach einem ähnlichen Prinzip, nach dem Löschpapier Fett aufsaugt. Gelangt dieses flüssige Wachs in die

Kerzenflamme, dann wird es zu Wachsdampf weiter erhitzt. Letztlich ist es eigentlich der Wachsdampf, der in der Kerzenflamme mit dem Luftsauerstoff zu Kohlenstoffdioxid umgesetzt wird. Dabei wird Energie in Form von Licht und Wärme frei.

Beim Pusten wird der Wachsdampfstrom unterbrochen. Es ist zwar ausreichend Luft vorhanden, aber der Verbrennungspartner Wachs fehlt.

Ein selbst gebauter Mini-Feuerlöscher

...für Teelichter: eine weitere Variante, eine Kerze zu löschen.

■ *benötigte Materialien:*
- 1 Teelicht,
- Feuerzeug,
- Schale mit hohem Rand (!) als Behälter
  für das brennende Teelicht,
- 1 Glas,
- Backpulver (Natriumhydrogencarbonat),
- Essig,
- 1 Teelöffel.

■ *Durchführung:*
Dieser Versuch ist im Unterschied zu den vorherigen besonders gut geeignet, bei Ihrem Kind Neugier zu wecken. Deshalb empfiehlt es sich, nicht vorab mögliche Begründungen für den Verlauf des Experiments zu besprechen, sondern den Versuch zunächst einmal vorzuführen und die Reaktion abzuwarten. Fordern Sie anschließend Ihr Kind auf, den Versuch zu wiederholen.

Das Teelicht wird angezündet. Mit dem Löffel gibt man etwa einen Teelöffel Natriumhydrogencarbonat in das leere Glas und gießt etwas Essig auf das weiße Pulver. Es entsteht

eine starke Gasentwicklung, hervorgerufen durch das Gas Kohlenstoffdioxid. Noch während sich das Gas bildet, hält man das Glas schräg über die Flamme des Teelichts, ohne diese zu berühren.

■ *Was ist zu beobachten?*
Die Flamme erlischt sofort.

■ *Erklärung:*
In der Regel ist den Kindern der naturwissenschaftliche Zusammenhang, der hinter dem Experiment steckt, zunächst noch unklar. Auf keinen Fall sollte hier jedoch der Eindruck von Zauberei zurückbleiben, da durch die vorliegende kleine Versuchsreihe gerade eine Grenzlinie zwischen der Faszination durch Zauberei und der allmählich verstehbaren Welt der Naturphänomene (vgl. S. 22 f.) gezogen werden soll.

Nachdem Ihr Kind nach einer Lösung gesucht hat, können Sie ihm eine Erklärung geben, die auf folgendem naturwissenschaftlichen Hintergrund basiert:

Essigsäure reagiert mit Natriumhydrogencarbonat. Dabei bildet sich das Gas Kohlenstoffdioxid. Dieses ist deutlich schwerer als Luft und sinkt deshalb nach unten auf den Boden des hochwandigen Schälchens, in dem sich das brennende Teelicht befindet. Allmählich steigt der Pegel des Kohlenstoffdioxidgases, indem es die Luft aus dem Schälchen verdrängt. Wenn es die Höhe der Kerzenflamme erreicht hat, schließt es diese von weiterer Luftzufuhr ab, so dass sie erlischt.

Das Verblüffende ist: Materialien, die zunächst aussehen wie bekannte Stoffe, reagieren völlig unerwartet. Gibt man zwei Stoffe zusammen, wobei der eine aussieht wie Wasser, aber kein Wasser ist (Essig-Geruch!) und der andere aussieht wie Mehl, aber kein Mehl ist („Kontrollexperiment": Der Versuch gelingt mit Mehl nicht!), so entsteht ein Gas, das aussieht wie Luft, aber offensichtlich keine Luft ist, denn sonst würde die Kerze nicht erlöschen, sondern erst recht weiter brennen (s. Versuch „Die Kerze löschen", S. 67).

Das Löschen einer Kerzenflamme durch Kohlenstoffdioxidgas machen sich Winzer zunutze: Beim Gärprozess entweicht aus den Weinfässern allmählich Kohlenstoffdioxid, das auf den Boden des Winzerkellers sinkt, nach und nach ansteigt und dabei die Luft verdrängt. Nicht nur wegen der romantischen Atmosphäre bringt der Winzer nun brennende Kerzen in Kniehöhe im Winzerkeller an; – wenn sie erlöschen, ist dies ein sicheres Zeichen dafür, dass der Keller bis zur Kerzenhöhe mit dem Gas gefüllt ist und dringend belüftet werden muss, denn auch der Mensch würde – ähnlich wie die Kerze – in einer reinen Kohlenstoffdioxid-Atmosphäre ersticken, weil die Luft zum Atmen fehlt.

Das Löschen der Kerze genau betrachtet

Dass ein Teil der Luft beim Brennen einer Kerze reagiert, veranschaulicht das folgende Experiment, – nur ist dann doch alles etwas komplizierter, als es den Anschein hat…

■ *benötigte Materialien:*
- 1 kleines Schälchen, mit Wasser gefüllt,
- 1 hohes Glas mit einem kleinen Durchmesser
  (z. B. ein Kölsch-Glas),
- 1 Teelicht,
- Zündhölzer.

■ *Durchführung:*
Das Teelicht wird angezündet und auf die Wasseroberfläche des Schälchens gestellt. Fordern Sie Ihr Kind auf, das Glas über das Teelicht zu stülpen und dabei in das Wasser einzutauchen, so dass die Luft nicht von unten nachströmen kann.

■ *Was ist zu beobachten?*
Die Kerze erlischt, und plötzlich steigt der Wasserspiegel im Glas deutlich an.

■ *Erklärung:*
Weshalb die Kerze erlischt, wurde bereits im Experiment „Die Kerze löschen" erklärt: Weil Luft fehlt, genauer Sauerstoff, kann die Kerze nicht weiter brennen.

Aber weshalb steigt nun eigentlich der Wasserspiegel im Glas so plötzlich an?

Dieses Experiment soll verdeutlichen, dass eine Kerze eigentlich nicht die gesamte Luft zum Brennen benötigt, sondern Sauerstoff. Er ist in der Luft mit einem Anteil von ca. 21 Prozent enthalten; der größte Anteil der Luft besteht aus Stickstoff, einem ebenfalls unsichtbaren Gas. Nun ist der Sauerstoff beim Verbrennen nicht einfach „weg", verschwunden: Beim Verbrennen des Sauerstoffs entsteht Kohlenstoffdioxidgas, dem wir nun in schon so vielen Experimenten (z. B. „Ein selbst gebauter Mini-Feuerlöscher", S. 70 oder „Brausepulver und Brauselimonade – selbst gemacht", S. 44) begegnet sind. Wenn der Sauerstoffanteil beim Verbrennen unter einen bestimmten Gehalt sinkt, dann erlischt die Kerze. Dabei kühlt sich die Luft im Glas ab – schließlich fehlt ja die Flamme als Heizquelle. Dabei zieht sich das Gas im Glas zusammen. Es entsteht ein Vakuum, und da es nicht „nichts" gibt – man spricht auch vom „horror vacui", der Angst vor der Leere –, wird das Wasser in das Glas hineingesogen.

Das ist aber nur der eine Teil der Erklärung. Es gibt noch einen weiteren Grund, weshalb der Wasserspiegel so deutlich ansteigt: Im Unterschied zu Sauerstoff kann sich das Gas Kohlenstoffdioxid im Wasser sehr gut lösen. Anstatt im Glas Platz zu beanspruchen, entweicht es in das Wasser, das sich im Schälchen befindet; Wasser kann daher nachströmen.

Viel los in so einem kleinen Schälchen!

Wenn man es einmal nicht so ganz genau nimmt, kann man die Erklärung aber auch verkürzen: Das Experiment verdeutlicht, dass die Kerzenflamme nicht die gesamte Luft zum Brennen benötigt, sondern nur einen Anteil der Luft, der rund ein Viertel ausmacht – eben den Sauerstoffanteil. Und wenn der „verbraucht" ist, dann wird dieser Anteil durch Wasser aufgefüllt, denn ein Vakuum gibt's in der Natur nicht.

Das Löschen der Kerze – und ein bisschen Mathematik

Mathematik kann manchmal sehr trocken sein, vor allem dann, wenn der Bezug zur Anwendung vergeblich gesucht wird. Wie ganz spielerisch unterschiedliche Rauminhalte – beispielsweise von Gläsern – in Beziehung gesetzt werden können und auf diese Weise geometrische Betrachtungen in naturwissenschaftliche Experimente einfließen können, das zeigt der folgende Versuch.

▨ *benötigte Materialien:*
– 2 Teelichter,
– 2 Untersetzer für die Teelichter,
– Zündhölzer,
– 2 Gläser unterschiedlicher Größe, leer –
  also nur mit Luft gefüllt.

▨ *Durchführung:*
Fragen Sie Ihr Kind, unter welchem Glas das Teelicht wohl schneller erlischt – unter dem großen oder unter dem kleinen? Es ist hilfreich, noch einmal den Versuch „Die Kerze löschen" in Erinnerung zu rufen (S. 67).

Nachdem Ihr Kind seine Prognose abgegeben hat, werden die beiden Gläser gleichzeitig auf die brennenden Teelichter gestülpt. Die verstreichenden Sekunden bis zum Erlöschen der Teelichter können laut abgezählt werden: „Eins, zwei, drei…"

■ *Was ist zu beobachten?*

Das Teelicht unter dem großen Glas brennt länger als das Teelicht unter dem kleinen Glas.

■ *Erklärung:*

Da in dem größeren Glas mehr Luft enthalten ist als in dem kleineren, kann die Flamme länger brennen; sie hat mehr Luft zum Verbrauch zur Verfügung.

Der Versuch kann erweitert werden, indem unterschiedlich große Gläser hinzugezogen werden.

Variiert werden kann das Experiment noch durch eine unterschiedliche Anzahl an Teelichtern pro Glas, z.B.: In einem doppelt so großen Glas erlöschen zwei Teelichter genauso schnell wie ein Teelicht in einem halb so großen Glas.

Das Löschen von Teelichtern kann auch als Methode gewählt werden, um das Volumen von Gläsern miteinander in Beziehung zu setzen, deren Rauminhalt beim bloßen Betrachten nicht abgeschätzt werden kann.

Versuche rund ums Wasser

Warum Windeln Babys so lange trocken halten oder: Saugfähigkeit – was dahinter steckt

Wenn die Nase läuft, schafft der Griff zu einem Stofftaschentuch oder einem Wegwerftaschentuch aus Zellulose Abhilfe. Wer käme schon auf die Idee, dazu Alu-Folie oder Frischhalte-Folie aus Kunststoff zu verwenden?

Die Saugfähigkeit von Stoffen ist im Alltag häufig gefragt: Bei der Küchenrolle, mit der schnell „mit einem Wisch" alles weggewischt wird, und vor allem bei der Windel, die Babys lange trocken halten soll.

Was macht die Saugfähigkeit eines Stoffes aber genau aus? Weshalb kann man sich mit Alu-Folie so schlecht die Nase putzen? Der folgende Versuch wird darauf eine Antwort geben!

■ *benötigte Materialien:*
– 1 kleiner Stein mit glatter Oberfläche,
– Frischhalte-Folie,
– Watte,
– eine handelsübliche „Ultra"-Windel,

- „Superabsorberkristalle" aus der Windel,
- 5 Glasschälchen,
- Wasserbehälter mit Wasser.

■ *Durchführung:*

Die Windel (es sollte sich dabei um eines der handelsüblichen „Ultra-Produkte" handeln, die „Superabsorberkristalle" enthalten) wird zerschnitten, d. h. so geöffnet, dass die Inhaltsstoffe sichtbar und fühlbar werden. Es kann beobachtet werden, dass sich in der Windel neben Watte auch kleine Körnchen befinden, die sich wie Sand anfühlen. Dabei handelt es sich um so genannte „Superabsorberkristalle", die besonders gut Wasser aufnehmen können und dabei zu einem Gel aufquellen. Die Superabsorberkristalle werden von der Watte abgehoben (das erfordert ein bisschen Geduld) und in einem Glasschälchen gesammelt, bis in etwa der Glasboden des Schälchen bedeckt ist. Sollten dabei kleine Watteteile dazwischen geraten, ist das für die Durchführung des Experiments ohne Bedeutung.

Wenn möglich sollten der Stein, die Frischhalte-Folie, die Watte, das Stückchen von der Windel und die Superabsorberkristalle in etwa der gleichen Menge vorliegen, damit Ihr Kind die Saugfähigkeit der unterschiedlichen Stoffe besser vergleichen kann. Bei den Kristallen wird es wohl nicht ganz gelingen, dieselbe Menge wie Watte zusammenzutragen. Weisen Sie kurz darauf hin.

Der Stein, die Frischhalte-Folie, die Watte, ein Stückchen Windel und einige Superabsorberkristalle (getrennt von der Windelwatte) werden jeweils in ein Glasschälchen gegeben. Anschließend wird immer die gleiche Menge Wasser (etwa die Menge einer halben Tasse; hängt von der Größe der Schälchen und der Materialien ab) über die einzelnen Materialien gegeben.

■ *Was ist zu beobachten?*

Die Materialien saugen unterschiedlich große Mengen des Wassers auf. Sichtbar wird dies am nicht gebundenen Wasser in den Schälchen. Der Stein und die Frischhalte-Folie saugen überhaupt kein Wasser auf. Watte zeigt eine größere

Saugfähigkeit, die Windelwatte, die einige Superabsorberkristalle enthält, ist deutlich saugfähiger. Ganz besonders gute Saugfähigkeit haben die isolierten Superabsorberkristalle. Fordern Sie Ihr Kind auf, noch etwas Wasser dazuzugießen, bis dieses nicht mehr aufgesaugt wird. – Es passt noch viel hinein!

■ *Erklärung:*
Die Saugfähigkeit hängt vor allem von der Art und der Größe der Oberfläche ab: Ein Stein oder eine Plastikfolie sind glatt; hier kann das Wasser nicht eindringen. Natürlich gibt es bei Steinen Ausnahmen; poröser Bimsstein oder bestimmte Tone können Wasser aufsaugen – aber ihre Oberfläche ist dann auch nicht so glatt, wie etwa die von Marmor. Und wenn ein Stein porös ist, dann ist auch mehr Oberfläche verfügbar, an die sich das Wasser anlagern kann.

Die schon deutlich saugfähigere Watte besteht aus kleinen Zellulose-Partikeln, die wie haarfeine Fäden dicht miteinander verknäult sind. Zusammen haben diese vielen Fäden eine wesentlich größere Oberfläche als der Stein. Zudem bieten diese Fäden aufgrund ihrer Struktur dem Wasser eine gute Möglichkeit, haften zu bleiben. (Pflanzen bestehen aus Zellulose und können durch sie Wasser ansaugen.) Wenn man auf die feuchte Watte mit den Händen Druck ausübt, wird das Wasser wieder abgegeben, d. h. es wird von der Watte nicht *fest*gehalten.

Kommen wir nun zum vierten Schälchen mit dem „Windeltest". Die gegenüber der Watte deutlich höhere Saugfähigkeit muss an den Superabsorberkristallen liegen, denn nur dadurch unterscheidet sie sich ja von der Watte. Übt man einen Druck auf das Windelprobestück aus, so wird das Wasser nicht wieder abgegeben. Diese Kristalle saugen also nicht nur besser, bei Druck bleibt das Wasser im Kristall auch enthalten. Ganz besonders deutlich wird dies nun, wenn wir das letzte Schälchen näher untersuchen:

Das gesamte Wasser ist aufgesaugt und bleibt auch bei Druck in dem Gel.

Warum können Superabsorberkristalle so gut Wasser aufsaugen und binden? In jedem Kristallkügelchen befinden sich – bindfadenartig zusammengeknäuelt – lange, lange Fäden aus dem Kunststoff Polycarboxylat, an denen sich das Wasser allmählich anlagert. Da es ein wenig dauert, bis das Wasser aufgesaugt ist, muss in der Windel auch noch Watte enthalten sein, die fürs erste dafür sorgt, dass nichts ausläuft… Im Unterschied zur Zellulose kann das Wasser sich an diese Fäden fest anlagern, so dass es auch auf Druck nicht mehr abgegeben werden kann.

Die Zeichnung verdeutlicht die unterschiedliche Struktur der einzelnen Materialien.

Warum schwimmt Eis auf dem Wasser?

Fest, flüssig und gasförmig – das sind die drei geläufigen Aggregatzustände, die wir gewöhnlich in unserer Umwelt vorfinden. Dabei gehen wir in der Regel davon aus, dass Gase im Vergleich zu Flüssigkeiten leichter sind, Feststoffe dagegen schwerer als Flüssigkeiten. Wasser kommt in den Aggregatzuständen Wasserdampf, Wasser und Eis vor. Fast in jedem Winter können wir beobachten, dass der Feststoff Eis auf dem Wasser eines Sees schwimmt (und im Sommer lässt sich das Naturschauspiel in einem Cocktailgetränk mit Eiswürfel wiederholen). Weshalb der Feststoff Eis im Wasser nicht untergehen kann, viele andere Feststoffe dagegen sinken, dieser Frage können Sie mit Ihrem Kind im folgenden Experiment nachgehen.

■ *benötigte Materialien:*
- 1 große Salatschüssel, zur Hälfte mit Wasser gefüllt,
- Eis (gefrorenes Wasser),
- ein Stück Holz,
- ein kleiner Stein,
- Metallstück, z. B. Münze.

■ *Durchführung:*
Lassen Sie Ihr Kind Prognosen darüber abgeben, welche Materialien im Wasser wohl sinken werden und welche nicht. Kindgerechter wird der Einstieg in dieses Experiment, wenn die Frage mit folgendem Problem verbunden wird: Wie können zwei Gummibärchen auf dem Wasser schwimmen, ohne nass zu werden (... unter Wasser tauchen, ohne nass zu werden können sie ja bereits, siehe Experiment „Luft ist nicht nichts", vgl. S. 59)?

Fordern Sie Ihr Kind auf, die Materialien auszuwählen, die als zuverlässige Schwimmunterlage für die Gummibärchen dienen könnten.

■ *Was ist zu beobachten?*

Die Münze und der Stein sinken; Eis und Holz bleiben auf der Oberfläche des Wassers.

■ *Erklärung:*

Will man diesem Experiment auf den Grund gehen, so kommt man mit den Begriffen „leicht" und „schwer" nicht viel weiter. Eine kleine Münze kann leichter sein als ein Eiswürfel, dennoch sinkt sie, während der Eiswürfel auf der Wasseroberfläche bleibt. Die entscheidende Größe, die über das Sinken oder Nicht-Sinken bestimmt, ist die Dichte. Unter der Dichte eines Materials versteht man die Masse – hier verbirgt sich also doch der Bezug zu schwer und leicht – vergleichbarer Volumina der Stoffe. Die Münze kann im Vergleich zum Eiswürfel noch so klein sein, ihre Dichte entscheidet darüber, dass sie in Wasser untergeht. Münzmetalle und Steine haben eine größere Dichte als Wasser, Eis und Holz eine geringere Dichte.

Soviel zur Erklärung, wann überhaupt ein Material in Wasser sinkt und wann nicht.

Warum aber sinkt der Feststoff Eis nicht in Wasser, ist er doch aus demselben Material, nur eben in einem anderen Aggregatzustand? Hat der *Feststoff* Eis eine geringere Dichte als die *Flüssigkeit* Wasser? Genau diese überraschenden Dichteverhältnisse liegen bei Wasser vor. Ursache für diesen Dichteunterschied ist die Kristallstruktur des Eises, die voluminöser ist als die des Wassers. In der Zeichnung sind die beiden unterschiedlichen Strukturen von Eis und Wasser dargestellt. Unter einer Riesenlupe, die sogar die kleinsten Bausteine der Materie sichtbar machen würde, könnte man erkennen, dass die Wasserbausteine ganz dicht nebeneinanderliegen, während sich im Eiskristall Lücken befänden.

Die im Vergleich zu Wasser geringere Dichte von Eis – man nennt dies auch „Anomalie des Wassers" – hat viele Konsequenzen: Sie ist dafür verantwortlich, dass Flaschen

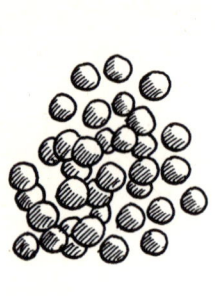
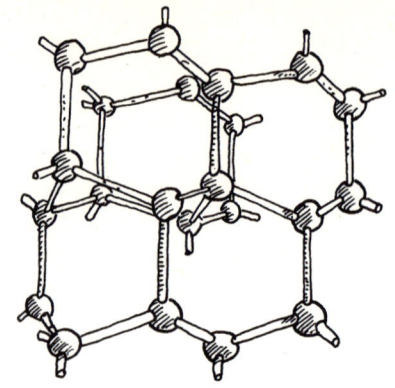

platzen, in denen das Getränk gefriert. Auch das Erfrieren nicht-winterfester Pflanzen hat etwas mit der Anomalie des Wassers zu tun. Im Unterschied zu winterfesten Pflanzen haben sie einen deutlich höheren Wassergehalt. Zudem fehlt ihnen eine schützende Fettschicht, mit der beispielsweise Nadeln von Nadelbäumen ausgestattet sind. Gefriert das Wasser in den nicht-winterfesten Pflanzen, so dehnt es sich aus, so dass die empfindlichen Kapillargefäße der Pflanze zerbersten.

Dass man auf Eis Schlittschuh laufen kann, wird nun auch besser verständlich: Durch den Druck, den die Schlittschuhkufen auf das Eis ausüben, werden die Hohlräume in den Eiskristallen regelrecht zusammengedrückt, so dass sich Wasser bildet. Eine dünne Wasserschicht zwischen Kufen und Eis führt dazu, dass sich der Schlittschuhläufer „auf dem Eis" so schnell fortbewegen kann.

… und was ist jetzt eigentlich schwerer – 1 kg Eis oder 1 kg Wasser?

Was die Wassertemperatur mit der Löslichkeit von Salz und Zucker zu tun hat

Es gibt Materialien, die lösen sich nicht in Wasser. Ein Stein beispielsweise ist noch nach Jahrtausenden gut erhalten im Flussbett sichtbar, vielleicht durch die Kraft des Wassers etwas abgerundet, aber nicht gelöst. Bei Salz und Zucker und noch vielen anderen Stoffen ist das anders. Sie sind wasserlöslich. Dass es bei der Löslichkeit verschiedener Materialien entscheidende Unterschiede zu entdecken gibt, zeigt der folgende Versuch.

■ *benötigte Materialien:*
- 1 große Glaskanne mit kaltem Wasser,
- 1 große Glaskanne mit sehr warmem Wasser,
- 1 kleiner Stein,
- Zuckerwürfel,
- Kochsalz,
- 1 Löffel,
- mehrere Gläser,
- eine dunkle Unterlage, falls der Küchentisch weiß ist.

■ *Durchführung:*
Welche Materialien sind wasserlöslich, der Stein, der Zucker oder das Salz? Vielleicht entdeckt Ihr Kind außer dem Stein noch weitere nicht-wasserlösliche Materialien in der Umgebung des Experimentiertischs: den Tisch beispielsweise, den Löffel aus Metall etc. Legen Sie den Stein in ein Glas mit Wasser. Fordern Sie Ihr Kind nun auf, zwei Gläser mit der gleichen Menge des kalten Wassers zu füllen und anschließend einen Zuckerwürfel in das eine Glas und eine etwa gleiche Menge Salz in das andere Glas zu geben. Nun wird genau beobachtet, was sich schneller löst, das Salz oder der Zucker. Auf einer dunklen Unterlage ist die Löslichkeit weißer Kristalle besonders gut zu beobachten.

Anschließend werden erneut zwei Gläser mit der gleichen Wassermenge gefüllt, diesmal das eine mit kaltem und das andere mit warmem Wasser. Lassen Sie Ihr Kind nun die gleiche Menge Salz in die beiden Gläser geben – und: wieder soll genau beobachtet werden, bei welcher Wassertemperatur sich das Salz schneller löst.

Und nun ein dritter Vergleich: Ein Zuckerwürfel wird in ein Glas mit kaltem und ein weiterer Zuckerwürfel wird in ein Glas mit warmem Wasser gegeben. Diesmal ist es ganz einfach, die unterschiedliche Löslichkeit der Zuckerwürfel bei verschiedener Wassertemperatur zu beobachten.

Nun noch ein Blick auf den Stein im Wasserglas… Hat sich etwas verändert?

■ *Was ist zu beobachten?*
Der Stein ist wasserunlöslich.

Zucker ist bei vergleichbarer Wassertemperatur leichter löslich als Salz.

Sowohl Salz als auch Zucker sind in warmem Wasser leichter löslich als in kaltem Wasser.

■ *Erklärung:*
Ob ein Material wasserlöslich ist oder nicht, hängt letztlich von der Struktur des Materials ab. Betrachten wir zunächst den wasserunlöslichen Stein. Wie schon das Experiment „Warum Windeln Babys so lange trocken halten oder: Saugfähigkeit – was dahinter steckt" (S. 77) zeigt, wird der Stein nur vom Wasser benetzt; das Wasser kann aber nicht in das Innere des Steins dringen und den Stein auch nicht verändern. Auch die saugfähigen Materialien Watte, Windel und Superabsorberkristalle lösen sich nicht in Wasser; das Wasser wird in ihnen angelagert. Zwischen Saugfähigkeit und Löslichkeit liegt ein entscheidender Unterschied.

Nun zur Löslichkeit von Salz und Zucker: Ein wasserlöslicher Feststoff bietet dem Wasser die Möglichkeit, zunächst

an den Ecken, Kanten und Flächen „anzugreifen" und allmählich Schicht um Schicht abzutrennen und mit Wasser
zu umhüllen. Wenn der Salz- bzw. Zuckerkristall einmal
vollständig gelöst ist, liegt das Salz bzw. der Zucker in vielen winzig kleinen, nicht mehr sichtbaren Teilen vor, die in
dem Wasser verteilt sind. Dieses Abtrennen winzig keiner
Teile aus einem Kristallverband gelingt unterschiedlich
schnell. Manche Kristalle, die eine feste Struktur haben,
sind nur allmählich löslich, andere dagegen, so etwa Zucker,
sind leichter löslich.

Je höher die Wassertemperatur ist, desto schneller kann
das Wasser an den Ecken, Kanten und Flächen des wasserlöslichen Kristalls „angreifen". Das hat etwas damit zu
tun, dass durch die höhere Temperatur – schlicht formuliert – die Bewegung des Wassers an den Außenstellen des
Kristalls größer wird: der Vorgang des Lösens wird be-
schleunigt.

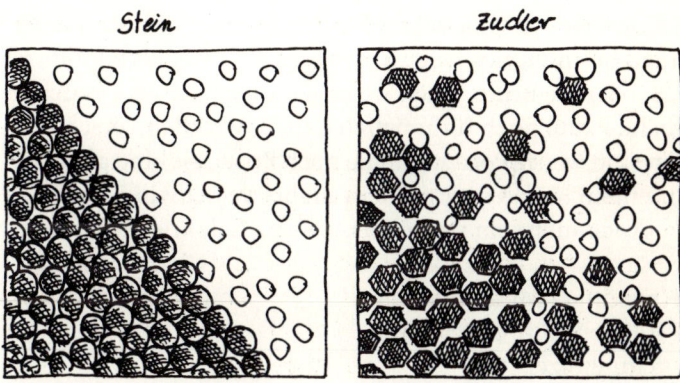

Grundsätzlich gilt die Regel, dass sich durch eine Tempera-
turerhöhung um 10 °C die Reaktionsgeschwindigkeit verdoppelt.

Wie gut, dass unsere Körpertemperatur bei rund 37 °C
liegt! Physiologisch so wichtige Stoffe wie Salz und Zucker

können sich bei dieser Temperatur schneller lösen, als etwa bei einem im Winterschlaf befindlichen Kaltblüter. Aber gut ist es auch, dass sich Zucker grundsätzlich schneller löst als Salz, denn Zucker wird in manchen Fällen von unserem Körper ganz schnell benötigt (Unterzuckerung). Salz dagegen kann in größeren Mengen für unseren Organismus schnell ungesund sein; da ist es schon besser, wenn der Prozess des Lösens etwas Zeit in Anspruch nimmt.

Der nicht-lösliche Stein im Wasserglas ist am Ende des Experiments erwartungsgemäß weiterhin gut sichtbar. Müßig zu fragen, wo der Stein denn nun sei. Aber wo sind der gelöste Zucker und das gelöste Salz eigentlich abgeblieben? Verschwunden? Weg? Dass dies nicht der Fall ist, zeigt das folgende Experiment.

In der Natur verschwindet nichts – auch kein Salzkristall

Zugegeben – es gibt schon Momente, in denen ein Gegenstand hoffnungslos *weg* zu sein scheint – das Portemonnaie z. B. oder die Brille. Auch wenn wir es bei der verzweifelten Suche kaum noch für möglich halten: wirklich verschwunden sind weder Portemonnaie noch Brille, sie sind allenfalls an einem anderen Ort. Denn nichts verschwindet einfach so. Auch nicht ein im Wasser gelöster Salzkristall!

■ *benötigte Materialien:*
– Teelicht mit Untersetzer,
– Zündhölzer,
– ein Teelöffel aus Metall,
– Salzlösung, sehr konzentriert,
– Zuckerwürfel,
– Kochsalz.

88

■ *Durchführung:*

Stellen Sie eine sehr konzentrierte Salzlösung her, indem Sie Salz zu heißem Wasser geben und umrühren. Gießen Sie die Lösung vom noch ungelösten Bodensatz in ein anderes Glas ab. Bedenken Sie, dass eine Salzlösung in dieser Konzentration keinesfalls getrunken werden darf. „Die Dosis macht das Gift" hat Paracelsus schon im 16. Jahrhundert gesagt, und für Salzlösungen traf und trifft diese Aussage in jedem Fall zu!

Fordern Sie Ihr Kind auf, noch einmal wie im vorigen Experiment einen Zuckerwürfel und einige Salzkristalle in Wasser zu lösen; je nachdem, ob dies schnell geschehen soll oder langsam, kann Ihr Kind kaltes oder warmes Wasser auswählen. Nachdem sich die Kristalle gelöst haben, kann sich die Frage anschließen, wo denn nun der Zucker und das Salz seien.

Eine Geschmacksprobe (beim Zuckerwasser ist der Geschmack angenehmer als beim Salzwasser, deshalb nur ersteres testen) macht deutlich, dass das Wasser süß schmeckt, also der Zucker wohl nicht ganz verschwunden sein kann. Dasselbe gilt für die Salzlösung. Fordern Sie Ihr Kind auf, über Möglichkeiten nachzudenken, wie das Salz als Feststoff zurückgewonnen werden kann.

Es wird für Ihr Kind vielleicht schwierig sein, eine Antwort zu finden. Schlagen Sie vor, mit dem Teelöffel eine geringe Menge der von Ihnen hergestellten Salzlösung aufzunehmen und den Löffel über das brennende Teelicht zu halten. Dazu ist erforderlich, dass die sehr konzentrierte Salzlösung verwendet wird, da nur dann schnell ein Ergebnis sichtbar wird. Keinesfalls sollte die Zuckerlösung verwendet werden, da Zucker bei starker Wärmezufuhr karamellisiert. Weisen Sie Ihr Kind darauf hin, den Löffel nur am Stiel anzufassen; auch nachdem der Löffel aus der Teelichtflamme entfernt worden ist, muss man noch einige Minuten warten, bis er abgekühlt ist!

■ *Was ist zu beobachten?*
Nach einiger Zeit ist das Wasser im Teelöffel verdunstet, zurück bleibt eine weiße Salzkruste.

■ *Erklärung:*
In einer Salz- bzw. Zuckerlösung ist der gelöste Stoff natürlich noch vorhanden, allerdings nicht mehr sichtbar. Durch die Wärmezufuhr verdunstet das Wasser, und die in der Lösung fein verteilten Salz- bzw. Zuckerteilchen kristallisieren wieder als festes Salz bzw. als Zucker aus.

Auch Wasser hat eine Haut

Wenn man ein Glas vorsichtig randvoll mit Wasser füllt, kann man beobachten, dass sich die Oberfläche ein wenig wölbt, dass also noch mehr hineinpasst, als der eigentliche Rauminhalt des Glases umfasst – bis der berühmte eine Tropfen zuviel das Glas und manchmal sogar ein Fass zum Überlaufen bringt. Was es mit dieser empfindlichen „Haut des Wassers" auf sich hat, zeigt das folgende Experiment – allerdings an einem Wasserglas und nicht an einem Fass.

▨ *benötigte Materialien:*
- 1 Glas mit kaltem Wasser,
- gemahlener Pfeffer,
- Spülmittellösung (also einige Tropfen Spülmittel in Wasser gelöst),
- eine Tropfpipette (in Apotheken erhältlich).

■ *Durchführung:*

Lassen Sie Ihr Kind eine Prise Pfeffer auf das Wasser im Glas streuen und genau beobachten, was geschieht. Nach einiger Zeit werden einige Tropfen der Spülmittellösung vorsichtig auf die Wasseroberfläche getropft. Mit einer Tropfpipette, mit der die Tropfengröße leichter zu dosieren ist, gelingt dies besonders gut. Wieder wird genau beobachtet, ob eine Veränderung eintritt.

■ *Was ist zu beobachten?*

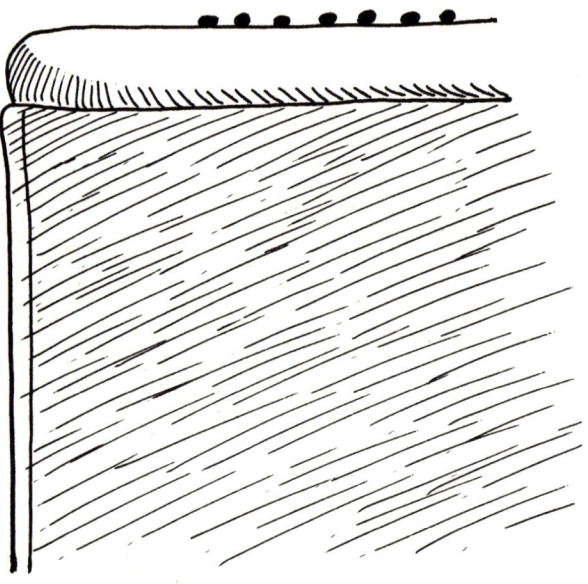

Zunächst bleibt der Pfeffer auf der Wasseroberfläche liegen. Nach Zugabe der Spülmittellösung sinkt der Pfeffer allmählich auf den Grund des Glases.

■ *Erklärung:*

An der Oberfläche des Wasser, also an der „Grenzfläche" zwischen Wasser und Luft, sind Kräfte wirksam, die ins Flüssigkeitsinnere ziehen. Wann immer möglich nimmt daher Wasser Kugelform an. Ein fallender Wassertropfen hat seine Gestalt genau durch diese Kräfte, allerdings erhält er seine Tropfenform durch den Luftwiderstand. Die oben beschriebene Wölbung der Wasseroberfläche ist ebenfalls dadurch zu erklären, dass Wasser an der Grenzfläche zur Luft bestrebt ist, eine Kugelform anzunehmen. An der Grenzfläche entsteht dadurch eine so genannte Grenzflächenspannung, die die Ursache dafür ist, dass auch Stoffe mit einer höheren Dichte als Wasser, so z. B. Pfeffer, aber auch eine feine Nähnadel, auf der Oberfläche liegen bleiben und nicht auf den Boden sinken.

Und was geschieht nun, wenn Spülmittellösung zu dem Wasser gegeben wird? Wie die Beobachtung zeigt, ist die Oberflächenspannung nun nicht mehr so groß, dass Pfeffer auf der Wasseroberfläche bleibt. Teile der Spülmittellösung sammeln sich an der Oberfläche des Wassers an und dadurch werden die Kräfteverhältnisse gestört. Die Kugelgestalt wird nicht mehr angestrebt, die Oberflächenspannung lässt nach.

Genau dieser Effekt wird auch beim Spülen und Waschen hervorgerufen. Ohne Spülmittel perlt Wasser tropfenförmig ab; mit Spülmittel, das die Oberflächenspannung herabsetzt, verteilt sich das Wasser – eine Voraussetzung dafür, dass der Gegenstand überhaupt gesäubert werden kann.

Im folgenden Experiment „Salatsoße – naturwissenschaftlich betrachtet" werden u. a. noch weitere Wirkungsweisen von Spülmitteln untersucht.

Eine Salatsoße – naturwissenschaftlich betrachtet

Weshalb schwimmen auf einer Suppe eigentlich Fettaugen? Warum vermischen sich die Flüssigkeiten Fett und Wasser nicht miteinander? Gibt es überhaupt Flüssigkeiten, die sich miteinander mischen? Das Mischungsverhalten von Flüssigkeiten lässt sich mit Hilfe des folgenden Experiments untersuchen.

■ *benötigte Materialien:*
- 1 Glasschale,
- Behälter mit Wasser,
- Öl, am besten Speiseöl,
- Essig,
- Spülmittel,
- eine Tropfpipette (in Apotheken erhältlich).

■ *Durchführung:*
Lassen Sie Ihr Kind eine kleine Menge Wasser in das Glasschälchen gießen. Was geschieht wohl, wenn nun noch etwas Essig zugegeben wird? Fordern Sie Ihr Kind auf, genau zu beobachten, ob sich Essig und Wasser mischen.

Nun folgt die dritte Flüssigkeit: ein Tropfen Öl.

Es wird eine Spülmittellösung aus einigen Tropfen Spülmittel und etwas Wasser vorbereitet, und wenige Tropfen werden zu der Flüssigkeit aus Wasser, Essig und Öl gegeben. Wenn möglich, sollte die Spülmittellösung nur tropfenweise zugegeben werden. Lenken Sie die Beobachtung Ihres Kindes auf den Öltropfen.

■ *Was ist zu beobachten?*
Wasser und Essig mischen sich sofort miteinander. Öl bildet in der Wasser-Essig-Lösung isolierte Öltropfen; es vermischt sich nicht mit dem Wasser bzw. mit dem Essig.

Gibt man einige Tropfen Spülmittellösung hinzu, so ver-

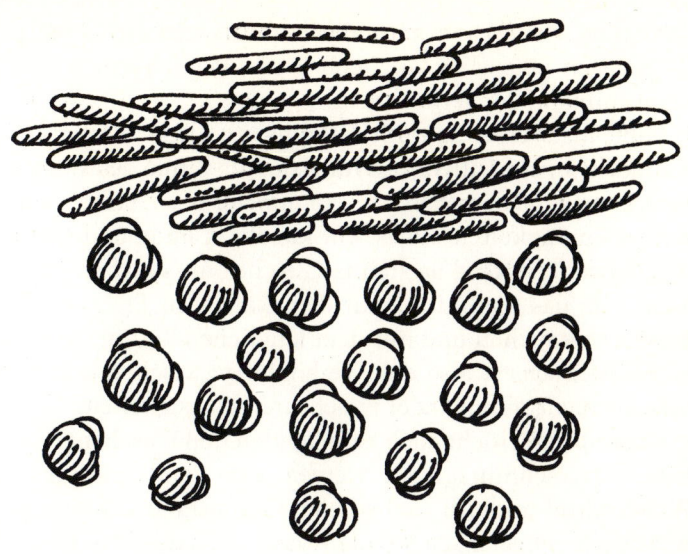

ändert sich zunächst der Rand des Öltropfens; schließlich verliert er vollständig die Kontur.

■ *Erklärung:*
Wie dieses Experiment, aber auch der Blick in eine Salatschüssel oder einen Suppentopf zeigen, sind nicht alle Flüssigkeiten miteinander mischbar. Die Struktur der kleinsten Teilchen, aus denen die Flüssigkeiten aufgebaut sind, sind für das Mischungsverhalten verantwortlich. Es heißt: „Gleiches löst sich in Gleichem", womit gemeint ist, dass sich alle Flüssigkeiten, die in ihrem Aufbau dem Wasser ähneln, miteinander mischen können. Entsprechend mischen sich alle Flüssigkeiten miteinander, die einen ähnlichen Aufbau wie Öl haben.

Einen Blick auf die innerer Struktur dieser Stoffe gibt die Zeichnung wieder. Unter einer Riesenlupe sähen die kleinsten Teile, aus denen die Flüssigkeiten bestehen, etwa folgendermaßen aus: Wasser hätte eine nahezu kugelige Gestalt, Öl dagegen eine eher längliche Form. Beide können sich nicht miteinander vermischen.

Gibt man eine Spülmittellösung zu dem Wasser-Öl-Gemisch, kommt allerdings im wahrsten Sinne des Wortes Bewegung ins Glasschälchen. Spülmittel hat nämlich von beiden Flüssigkeiten etwas, ein kugeliges Ende und einen länglichen Teil. Und da sich ja Gleiches in Gleichem löst, kann nun das Spülmittel mit dem kugeligen Ende in das Wasser eintauchen und mit dem länglichen Teil in das Öl. Spülmittel schafft also eine Verbindung zwischen den ansonsten nicht miteinander mischbaren Flüssigkeiten.

Dasselbe geschieht auch beim Spülen und Waschen: Fett- bzw. Ölverschmutzungen werden von dem Spül- bzw. Waschmittel umhüllt und so vom Gegenstand abgehoben. Anschließend gelangen sie ins Wasser, also das Waschwasser, und werden mit ihm fortgespült.

Noch eine Beobachtung im Zusammenhang mit dem Experiment: Öl und Fett schwimmen immer auf dem Wasser. Im Experiment „Warum schwimmt Eis auf dem Wasser?" (S. 82) sind wir der Frage nachgegangen, wann etwas schwimmt bzw. sinkt. Doch diese Überlegung gilt keinesfalls nur für Feststoffe, sondern auch für nicht miteinander mischbare Flüssigkeiten. Öl und Fett haben eine geringere Dichte als Wasser und schwimmen deshalb oberhalb von Wasser (... als Schwimmunterlage für Gummibärchen sind sie aber dennoch ungeeignet!).

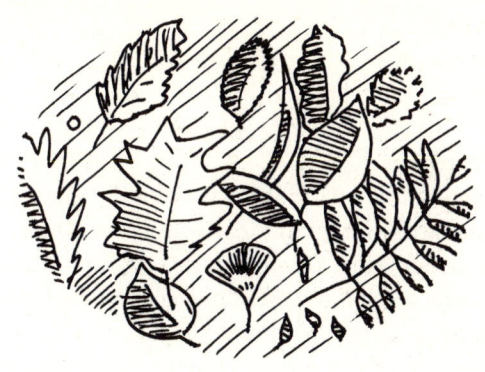

... und noch ein paar Versuche

Experimentieren mit Blattgrün
oder: Weshalb werden im Herbst die Blätter bunt?

Während der verschiedenen Jahreszeiten werden wir durch die unterschiedlichen Farben des Blattlaubs begleitet: Im Frühjahr, nach dem Aufbrechen der Knospen, durch ein zartes Lindgrün, im Sommer durch ein kräftiges Grün und dann zum Herbst hin allmählich durch eine bunte Blätterwelt – und im Winter ist das Blattlaub dann gar nicht mehr an den Bäumen. Einem so offensichtlichen und sich jährlich mit regelmäßiger Zuverlässigkeit wiederholendem Naturschauspiel soll das folgende Experiment auf den Grund gehen. Allerdings verwenden wir anstelle von Blattlaub Grashalme, weil das Ergebnis dann besser sichtbar wird.

■ *benötigte Materialien:*
– frisch gesammelte, saftig-grüne Grashalme,
– 2 Stücke Kreide,
– 2 Glasschalen,
– Messer oder Schere zum Zerkleinern der Grashalme,
– Küchenbrett,

- etwas Wasser,
- etwas Brennspiritus (Drogeriemarkt)
  oder Alkohol (aus der Apotheke).

■ *Durchführung:*
Mit dem Messer oder der Schere werden die Grashalme zerkleinert. Dadurch werden die Zellwände der Grashalme zerstört, so dass der grüne Pflanzenfarbstoff, auch Chlorophyll genannt, auslaufen kann. Leichter und effektiver gelingt dies mit einem Mörser, falls vorhanden.

Lassen Sie Ihr Kind einen Teil der zerkleinerten Grashalme in die eine der beiden Glasschalen geben und mit etwas Wasser übergießen. Anschließend wird in die Mitte der Schale senkrecht ein Kreidestück gestellt und dann genau beobachtet, was geschieht.

Nun gibt Ihr Kind den Rest der zerkleinerten Grashalme in das zweite Glasschälchen und übergießt sie mit Brennspiritus oder Alkohol aus der Apotheke. Da sowohl Brennspiritus als auch Alkohol leicht entzündlich sind, sollten Sie bei diesem Versuch darauf achten, dass keine offenen Flammen in der Nähe sind. Achten Sie auch darauf, dass Ihr Kind die Flüssigkeiten nicht in den Mund nimmt oder gar trinkt!

Wie beim ersten Schälchen wird nun wieder ein Stück Kreide senkrecht in die Mitte des Schälchens gestellt und genau beobachtet, was geschieht.

■ *Was ist zu beobachten?*
Beim ersten Schälchen steigt das Wasser in der Kreide allmählich hoch. Der grüne Pflanzenfarbstoff wird allerdings nicht mittransportiert und bildet am unteren Ende der Kreide einen grünen Rand.

Auch beim zweiten Schälchen steigt die Flüssigkeit (Brennspiritus bzw. Alkohol) in der Kreide hoch, allerdings wird nun das Blattgrün mit aufgenommen. Nach einiger

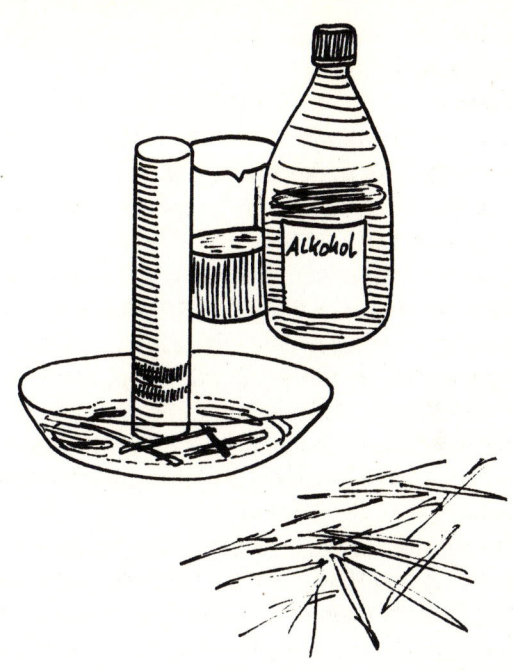

Zeit bleibt der grüne Farbstoff zurück, während eine gelb erscheinende Farbe noch weiter in der Kreide aufsteigt.

■ *Erklärung:*
Bei diesem Experiment wird eines der bedeutendsten Trennverfahren der Chemie angewendet, das mit dem komplizierten Ausdruck „Chromatographie" bezeichnet wird. Übersetzt bedeutet dies: Farbenschreiben.

Damit sich Stoffe nach dieser Methode aber überhaupt trennen können, müssen sie sich zunächst einmal in einem Lösungsmittel lösen und zudem muss das Lösungsmittel durch ein poröses Material – in unserem Experiment ist es Kreide – aufgesaugt werden.

Wasser ist ein Lösungsmittel, in dem sich das Blattgrün offensichtlich nicht löst. Folglich steigt nur das Wasser in der Kreide auf. Das Blattgrün bleibt zurück und bildet an der Kreide einen grünen Rand.

In Alkohol bzw. Brennspiritus löst sich das Blattgrün, sichtbar an der Grünfärbung der Flüssigkeit. Auch diese Flüssigkeit steigt nun in der Kreide auf.

Nun besteht Blattgrün aber nicht nur aus einer Substanz mit einer grünen Farbe (Chlorophyll), sondern auch noch aus einer zweiten, für unser Auge im grünen Blatt zunächst nicht sichtbaren Farbe: β-Carotin. Diese grüne und gelbe Blattfarbe können an der Kreide unterschiedlich hoch „klettern": β-Carotin etwas höher als Blattgrün. In diesem verschiedenen „Kletterverhalten" an porösen Feststoffen liegt die Trennmöglichkeit verschiedener Stoffe begründet. (Im folgenden Experiment werden wir ein weiteres Beispiel kennen lernen).

Und nun zurück zur Frage: Warum werden im Herbst die Blätter bunt? Laub enthält, wie das Experiment hier im Fall von Gras zeigt, zwei Farbstoffe, einen grünen und einen gelben. Wenn es im Herbst kälter wird, entzieht der Baum seinen Blättern den grünen Farbstoff, um Energie zu gewinnen. Zurück bleibt der gelbe Farbstoff β-Carotin, der in manchen Laubarten auch rötlich erscheint. Genau genommen werden die Blätter im Herbst nicht gelblich gefärbt, sondern vom Grün entfärbt, die gelbe Farbe bleibt im Blatt zurück.

Dieser gelbe Farbstoff β-Carotin ist auch in vielen Naturstoffen enthalten, z. B in der Möhre oder in der Tomate. Allerdings enthalten diese Naturstoffe kein grünes Chlorophyll. Ein weiteres Trennverfahren von β-Carotin ist in dem Versuch „Woher hat die Möhre ihre Farbe?" (S. 35) beschrieben.

Übrigens hat die Trennung der beiden Blattfarbstoffe Chlorophyll und β-Carotin historische Bedeutung: Michael Tswett, ein russischer Botaniker und Chemiker, hat Anfang des 20. Jahrhunderts mit diesem Trennverfahren die Chromatographie begründet.

Die Farbenpracht des schwarzen Filzstifts

Dass ein schwarzer Filzstift einen schwarzen Farbstoff enthält, ist wohl nicht weiter verwunderlich: Er schreibt schwarz, hat einen schwarzen Schreibkopf und ist in der Regel vom Hersteller auch schwarz gekennzeichnet. Dass unter dieser dunklen Farbe aber auch Farbtöne wie rosa, hellblau, violett und grün verborgen sind, zeigt das folgende Experiment.

■ *benötigte Materialien:*
– wasserlösliche Filzstifte mit dunkler Farbe,
– Filterpapier (weiße Kaffeefilter, am besten Rundfilter, oder Löschpapier),
– 1 Bleistift,
– 1 Tropfpipette (wenn möglich),
– 1 kleiner Teller,
– 1 Glas mit Wasser.

■ *Durchführung:*
Zunächst wird aus dem weißen Filter- bzw. Löschpapier ein kreisrundes Stück herausgeschnitten, das in etwa den Durchmesser eines Glases hat. Die Mitte des Papiers wird nun mit dem Bleistift gekennzeichnet, und um diesen Mittelpunkt herum wird mit dem wasserlöslichen (!) Filzstift ein Kreis gemalt.

Fordern Sie Ihr Kind nun auf, das Papier auf den Teller zu legen und dann einzelne Wassertropfen über den Mittelpunkt aufzutropfen; mit der Tropfpipette gelingt das Dosieren am besten. Nach jedem Tropfen sollte so lange gewartet werden, bis er vom Papier aufgesaugt ist, dann kann der nächste Tropfen folgen. Es sollte sich kein überschüssiges Wasser in der Mitte ansammeln. Dieses Experiment kann mit weiteren dunklen Filzstiftfarben – z. B. Blau, Braun, Dunkelgrün – wiederholt werden.

■ *Was ist zu beobachten?*

Das Wasser „reißt" die schwarze Farbe mit; nach kurzer Zeit lassen sich unterschiedliche Farbtöne beobachten.

■ *Erklärung:*

Wie schon im vorigen Experiment „Experimentieren mit Blattgrün" handelt es sich hierbei um eine Trennung unterschiedlicher Farbstoffe nach der Methode der Chromatographie. Das Lösungsmittel ist Wasser. Anstelle der Kreide wird Filterpapier verwendet, das ebenfalls eine große Saugfähigkeit hat, so dass das Wasser mit dem gelösten Farbstoff darin transportiert werden kann.

Die Farben werden vom Filterpapier unterschiedlich „festgehalten", das Lösungsmittel Wasser transportiert die verschiedenen Komponenten deshalb unterschiedlich weit.

… und weshalb ist nun eigentlich rosa, hellblau, grün etc. in einer schwarzen Filzstiftfarbe enthalten? Der Hersteller hat sie nicht beigemischt, sondern sie entstehen beim Herstellungsprozess der Farbe und bleiben so bis zum Gebrauch erhalten. Übrigens könnten mit Hilfe dieser Trennverfahren genaue Rückschlüsse auf den Hersteller und das Produktionsverfahren gemacht werden: Beim einen etwa ist mehr hellblaue Farbe enthalten, beim anderen mehr rosa und beim nächsten vielleicht nur grün.

III „Kann mein Kind das denn alles schon verstehen?" oder: „Das erkläre ich dir später"

Obwohl Kinder im Vor- und Grundschulalter schon ein ausgeprägtes Interesse an naturwissenschaftlichen Fragen zeigen und Medien mit naturwissenschaftlichen Inhalten sogar zu ihren Favoriten zählen (vgl. Kapitel „Kinder und Medien", S. 131 f.), ist das Zutrauen der Erwachsenen in die kognitiven Fähigkeiten der Kinder offensichtlich nur sehr gering. Vielleicht haben auch Sie sich schon manchmal dabei ertappt, dass Sie Ihrem Kind auf eine interessierte Frage mit „Das verstehst du noch nicht" geantwortet haben. Die Folgen können fatal sein, denn irgendwann „lernt" Ihr Kind, dass seine Fragen nicht zu den erhofften Antworten führen: Die Anfangsmotivation zum naturwissenschaftlichen Fragen, aufgekeimt in der staunenden Wahrnehmung der Dinge, die das Kind um sich herum beobachtet, bedarf ernst gemeinter Antworten. Nur so kann es gefördert werden und sich weiteren Beobachtungen zuwenden, ansonsten erlischt das Interesse – möglicherweise für immer.

Vor allem unser Bildungssystem traut den jungen Kindern offensichtlich kaum naturwissenschaftliches Verständnis zu. Nur so ist es zu erklären, dass die Unterrichtsfächer Chemie und Physik erst sehr spät eingeführt werden, in den meisten Bundesländern frühestens ab Klasse 5, in der Regel erst ab Klasse 7 und später – sieht man einmal vom Sachunterricht in der Grundschule ab. Im Sachunterricht – neben Deutsch und Mathematik eines der ganz wichtigen Fächer in den ersten Schuljahren – kommen Themen der unbelebten Natur aber kaum vor; meist stehen biologische

Fragestellungen im Mittelpunkt, und ansonsten entfallen rund die Hälfte der Unterrichtsstunden auf sozialkundliche Themen.

In der Regel befinden sich die Schülerinnen und Schüler schon im Übergang zum Erwachsenenleben, ehe sie mit physikalischen und chemischen Zusammenhängen vertraut gemacht werden, und oft interessieren diese Themen sie dann überhaupt nicht mehr – das glühende Interesse der Kindertage ist ein für alle Mal erloschen. Es überrascht daher nicht, dass die Unterrichtsfächer Chemie und Physik zu den unbeliebtesten Schulfächern überhaupt zählen.

Weshalb wird das frühe naturwissenschaftliche Interesse von Kindern in den Lehrplänen bislang nicht berücksichtigt? Weshalb wird nicht dann Chemie und Physik unterrichtet, wenn das Interesse vorhanden ist und dann nicht mehr unterrichtet, wenn sich die Interessensschwerpunkte verlagert haben?

Will man die Gründe aufspüren, die für die späte Einführung der Fächer Chemie und Physik verantwortlich sind, so stößt man u. a. auch auf Argumente der Entwicklungs- und Lernpsychologie.

Jean Piaget – ein Pionier der geistigen Entwicklungsstadien des Kindes

Zu den bedeutendsten Entwicklungspsychologen mit Einfluss auf unser Bildungssystem zählt ohne Frage der Schweizer Psychologe Jean Piaget (1896–1980), der in zahlreichen empirischen Untersuchungen die „Entwicklung des Erkennens" – so ein Titel seines mehr als 10 Bände umfassenden Gesamtwerks – erforschte.

Der Beginn seiner Untersuchungen liegt nun mehr als 70 Jahre zurück. Sie waren insbesondere von erkenntnistheoretischen Interessen geleitet – d. h. es stand die Frage im

Mittelpunkt, wie sich die Erkenntnisfähigkeit des Menschen, seine geistigen Strukturen, allmählich stufenweise entwickeln. In seinen Studien kommt Piaget zu folgendem Entwicklungsaufbau, der allgemein als „Stadientheorie" Piagets bekannt geworden ist:

Während in den ersten zwei Lebensjahren die „sensumotorische Phase" überwiegt, also das Ertasten, das Fühlen und die Ausbildung der Motorik die Entwicklung des Kleinkindes bestimmen, wird diese Entwicklungsstufe in den darauf folgenden Jahren bis zum siebten Lebensjahr durch die sogenannte „prä-operationale Phase" abgelöst. Versteht man den Begriff „operational" im Sinne von „logisch", so deutet der Begriff darauf hin, dass Kinder in dieser Phase noch nicht in der Lage sind, logische Verknüpfungen herzustellen, beispielsweise im Sinne von „immer wenn..., dann...", oder Kausalbezüge herzustellen. Dies gelingt erst in der nächsten Phase zwischen ca. 8 und 12 Jahren, die von Piaget als „konkret-operationale Phase" bezeichnet wird, was bedeutet, dass das Kind anhand konkret gegebener Sachverhalte logische Schlüsse ziehen kann. Die letzte Entwicklungsstufe schließlich, die „formal-operationale Phase", ermöglicht dann auch das logische Schließen bei nicht konkret gegebenen Objekten. Die hier genannten Altersangaben wurden allerdings schon von Piaget als ungefähre Orientierung angegeben und keineswegs als exakte Zeitpunkte für geistige Entwicklungsschübe verstanden.

Seit den Untersuchungen Piagets sind inzwischen nicht nur viele Jahre vergangen, sondern auch das kindliche Umfeld ist durch den Einfluss der Medien, durch die zunehmende Technisierung des Alltags, durch schnellere Fortbewegungsmöglichkeiten und durch geänderte Formen des sozialen Zusammenlebens geradezu revolutioniert worden. Möglicherweise haben diese geänderten Bedingungen des Heranwachsens auch Einfluss auf die geistige Entwicklung des Kindes: Eine Vielzahl neuerer Untersuchungen belegt,

dass sich die ersten Entwicklungsstadien deutlich vorverla-
gert haben. Es wird sogar vermutet, dass bereits Vierjährige
konkret-operationale Denkkonstruktionen vollziehen. Zudem wird in weiteren Untersuchungen deutlich, dass die
formal-operationale Entwicklungsstufe, deren Erreichen
Piaget ab etwa dem 13. Lebensjahr annahm, erst bei einem
Viertel der 15- bis 16-jährigen Gymnasialschüler erreicht ist
und selbst bei Erwachsenen nicht immer vorausgesetzt
werden kann.

Was aber hat das mit unseren heutigen Lehrplänen für
Naturwissenschaften zu tun? Davon ausgehend, dass das
Verständnis der naturwissenschaftlichen Fächer Chemie
und Physik ein hohes Abstraktionsvermögen verlangt, wurde deren Einführung auf ein Alter der Schülerinnen und
Schüler festgelegt, in dem die formal-operationale Phase
erreicht ist – eben das Alter von 12 oder 13 Jahren, in dem die
Lernenden in etwa das 7. Schuljahr besuchen. Dabei blieb
völlig unberücksichtigt, dass bereits viel früher ein Interesse der Kinder an naturwissenschaftlichen Fragen besteht.

Stadientheorie Jean PIAGETS	
sensu-motorisch	0–2 Jahre
prä-operational	3–7 Jahre
konkret-operational	7–11 Jahre
formal-operational	ab 12 Jahre

*Kognitive Entwicklungsstufen nach Piaget; die Altersangaben dienen ledig-
lich der groben Orientierung*

Nachdem sich aber nun nach den genannten empirischen
Untersuchungen gezeigt hat, dass die Stadientheorie aus
heutiger Sicht nicht mehr die Gültigkeit und Relevanz hat,
die ihr noch vor Jahrzehnten zukam, ist zu fragen, ob nicht

aus anderer entwicklungs- und lernpsychologischer Quelle Argumente für einen geeigneten Zeitpunkt der Naturwissenschaftshinführung zu finden sind, auf deren Grundlage einzelne Aspekte des naturwissenschaftlichen Bildungssystems neu überdacht werden sollten. Eine dieser Quellen könnte in der Entwicklungspsychologie Erik Eriksons liegen.

Erik Erikson – ein Wegbereiter der psychoanalytisch begründeten Stadienentwicklung

Einen im Vergleich zu Piaget ganz anderen Entwicklungsverlauf sieht die Konzeption Eriksons vor: Ein erster augenfälliger Unterschied liegt darin, dass „Entwicklung" nach Erikson die gesamte Zeitspanne vom Säuglings- bis zum Greisenalter umfasst – allerdings ist sein Entwicklungsbegriff auch nicht streng auf die geistigen Strukturen eingegrenzt, sondern beinhaltet darüber hinaus auch alle anderen für die Entfaltung einer Persönlichkeit erforderlichen Komponenten.

Erikson verwendet vor allem zwei zentrale Begriffe, durch die er sich von anderen Konzepten absetzt, nämlich das „epigenetische Prinzip" und die Begriffe „Identität" bzw. „Identitätskrise", deren Klärung uns mitten in die Entwicklungspsychologie Eriksons hineinführt.

Menschlicher Entwicklung liegt nach Erikson ein Prinzip des Wachstums zugrunde, das sich in allen Organismen beobachten lässt, nämlich eben jenes epigenetische Prinzip, das verallgemeinert beinhaltet, „dass alles, was wächst, einen Grundplan hat, dem die einzelnen Teile folgen, wobei jeder Teil eine Zeit des Übergewichts durchmacht, bis alle Teile zu einem funktionierenden Ganzen herangewachsen sind." (Erikson 1959/1994, S. 58). So wie das Wachstum eines Organismus nach einer vorgegebenen Geschwindigkeit und in einer bestimmten Abfolge geschieht, etwa die Entfaltung einer Tulpenblüte, die erst dann zum Vorschein kommen kann, nachdem sich aus der Zwiebel ein Blütenstengel gebildet hat, so durchläuft auch die Entwicklung der Persönlichkeit – auch im Erwachsenenalter noch – in Tempo und Abfolge vorgegebene Stadien, die allerdings in Wechselwirkung mit kulturellen und sozialen Gegebenheiten stehen. Jede dieser Stufen befindet sich mit allen anderen in direkter Beziehung, „da sie alle von der richtigen Entwicklung in der richtigen Reihenfolge jeder Position abhängen" und jedes Stadium existiert, ist bereits angelegt, bevor seine entscheidende kritische Zeit normalerweise gekommen ist. (Erikson 1968/1980, S. 94).*

Diese Entwicklung von einem Stadium zum nächsten bringt mit sich, dass eine Krise zu bewältigen ist, die eben durch das Erreichen des nächsten Entwicklungsstadiums hervorgerufen wird. Dies ist die „Identitätskrise", und damit kommen wir zum zweiten zentralen Begriff der Entwicklungspsychologie Eriksons. An einem Beispiel – und zwar dem entscheidenden Entwicklungsstadium, das für das Kindergarten- und Vorschulalter relevant ist, dem Spielalter – sollen im Folgenden das Wachstum, aber auch die Identitätskrise verdeutlicht werden.

Das „Spielalter", das in etwa dem Kindergarten- und Vorschulalter entspricht, schließt sich in Eriksons Entwicklungskonzept unmittelbar an das Kleinkindalter an, das durch Stärkung des Muskelsystems, die Fähigkeit der Fortbewegung durch Entwicklung des Laufens und damit durch größere Autonomie gekennzeichnet ist, die beispielsweise

---

* Poetisch hat dies Hermann Hesse in seinem Gedicht „Stufen" zum Ausdruck gebracht: „Stufen: Wie jede Blüte welkt und jede Jugend / Dem Alter weicht, blüht jede Lebensstufe, / Blüht jede Weisheit auch und jede Tugend / Zu ihrer Zeit und darf nicht ewig dauern. / Es muss das Herz bei jedem Lebensrufe / Bereit zum Abschied sein und Neubeginne, (...) Der Weltgeist will nicht fesseln uns und engen, / Er will uns Stuf' um Stufe heben, weiten (...)."

durch das selbständige Auswählen, Greifen-Können und Ab-
lehnen von Gegenständen zum Ausdruck kommt.

Verbunden mit diesen Entwicklungsschüben und den lau-
fend dazugewonnenen Fähigkeiten wächst die Bereitschaft,
sich mit den Erwachsenen zu messen, vor allem natürlich
mit den Eltern. Entscheidend ist, dass mit dieser zunehmen-
den „Initiative" – so bezeichnet Erikson die eine Seite der
Krise – eine Rivalität vorprogrammiert ist, die sich auf die-
jenigen konzentriert, die aufgrund ihrer besser ausgebildeten
Fähigkeiten das Feld bereits besetzt halten – vornehmlich
eben die Eltern. Was diesen Wissens- und Eroberungsdrang
betrifft, so ist zunächst noch keinerlei Krise auszumachen.
Sie kommt mit dem Gewissen ins Spiel, das sich in diesem
Lebensstadium zunehmend entwickelt und im Kind – ausgelöst durch seine Initiative und Vorstellungskraft – ein Schuld-
gefühl hervorruft, quasi als Korrektiv der Initiative.

Ein charakteristisches Merkmal dieser Lebensphase ist
eine Wissbegier und Zuwendung zu den Dingen, die Erikson
in der ihm eigenen Sprache so prägnant mit folgenden Worten formuliert:

„Die Weisheit des Grundplans will es, dass das Individu-
um gerade zu dieser Zeit mehr als zu jeder anderen bereit
ist, schnell und begierig zu lernen, ‚groß‘ zu werden in dem
Sinne, [...] dass es sich jetzt nicht mehr nur den Menschen,
sondern auch der Dingwelt zuwendet. Jetzt [...] ist es im-
stande und willig, sich dem Lehrer oder anderen Idealge-
stalten anzuschließen." (Erikson, 1959/1994, S. 96).

Dieses Zitat bringt nicht nur zum Ausdruck, dass bereits
das frühe Kindesalter geeignet ist, sich der „Dingwelt" zu
nähern; es sagt darüber hinaus auch aus, dass es niemals
mehr eine günstigere Zeit dafür gibt! Auch nicht im Alter
von 13 oder 14 Jahren, wenn in unserem Bildungssystem die
Naturwissenschaften eingeführt werden? Offensichtlich
nicht, denn der Anfangsunterricht in Chemie und Physik

fällt mit dem Entwicklungsabschnitt der beginnenden Pubertät zusammen. Diese „physische Revolution", wie Erikson es nennt, führt dazu, dass der Heranwachsende „in erster Linie damit beschäftigt [ist], seine soziale Rolle zu festigen" (Erikson, 1959/1994, S. 107). Für den Jugendlichen stehen dann die Frage nach der eigenen Identität, die erste vorsichtige Ablösung vom Elternhaus, im Vordergrund.

Es ist zwar nicht grundsätzlich auszuschließen, dass auch naturwissenschaftliche Themen in der Zeit der Pubertät einen Beitrag zur Festigung der „Ich-Identität" leisten können, aber es scheint sich im Rahmen der von Erikson dargestellten Psychodynamik der Identitätssuche abzuzeichnen, dass Themenfelder, die sich im weitesten Sinne mit der eigenen sozialen Rolle in der Gesellschaft befassen, etwa Literatur, Geschichte, Politologie, Soziologie oder Pädagogik, von größerem Interesse sind.

Ein Vergleich zwischen der Lern- und Entwicklungspsychologie Piagets und Eriksons zeigt, dass die Einführung naturwissenschaftlicher Themen kontrovers diskutiert werden kann. Und welches Alter ist denn nun günstig? Um diese so entscheidende Frage beantworten zu können, wurde im Rahmen eigener Studien an der Universität Kiel die Resonanz auf eine erste naturwissenschaftliche Auseinandersetzung bei Kindergartenkindern untersucht.

Kindergartenkinder – interessierte und wissbegierige Naturforscher

Über einen Zeitraum von drei Jahren wurden in Kölner, Kieler und Frankfurter Kindergärten empirische Untersuchungen mit Kindergartenkindern im Alter zwischen fünf und sechseinhalb Jahren durchgeführt. Dabei standen vor allem zwei Fragen im Mittelpunkt. Erstens: Sind Kinder so früh überhaupt schon an Naturphänomenen interessiert?

Und zweitens: Können sie sich auch über einen längeren Zeitraum an die Experimente und deren Deutung erinnern? Beide Fragen sind im Zusammenhang mit Naturwissenschaftsvermittlung im frühen Kindesalter von großer Bedeutung, denn wenn die Kinder die Naturphänomene nicht interessieren würden, wäre es schwierig, das Thema im Kindergartenalter zu rechtfertigen, nähme man den Kindern doch auf diese Weise wertvolle Zeit für andere, möglicherweise interessantere Themen. Die Erinnerungsfähigkeit der Kinder war für uns ein wichtiges Untersuchungsfeld, denn sie gibt uns einen Hinweis auf das Verständnis der naturwissenschaftlichen Hintergründe: Ein Kind, das sich über einen längeren Zeitraum noch sowohl an den Versuchsaufbau als auch an den naturwissenschaftlichen Hintergrund erinnern kann, muss die Deutung des Experiments verstanden haben.

Ohne hier im Detail auf die Untersuchungsmethoden eingehen zu können, sollen im Folgenden kurz die Ergebnisse vorgestellt werden.

Interesseuntersuchungen

Als Hinweis für das Interesse der Kinder an der Versuchsreihe wurde die freiwillige Teilnahme der Kinder, also deren „Abstimmung mit den Füßen" gewertet. Methodisch wurde dabei folgendermaßen vorgegangen: Das erste Experiment wurde mit allen Kindern der entsprechenden Altersgruppe durchgeführt. Damit erhielten sie einen ersten Zugang zur Experimentierreihe und konnten so eine Vorstellung davon entwickeln, was im zweiten Experiment auf sie zukommen könnte. Darüber, ob sie am zweiten Experiment teilnehmen wollten, konnten die Kinder frei entscheiden.

Parallel zu den Experimenten wurde den Kindern ein Alternativprogramm angeboten – sportliche Wettspiele, Aufenthalt im Planschbecken im Freien etc. Trotz der attraktiven Alternativangebote waren überraschend viele Kinder bereit, freiwillig an der Experimentierreihe teilzunehmen – ein Ergebnis, das auch in anderen Einrichtungen wiederholt werden konnte. Über einen längeren Zeitraum von rund sieben Wochen nahmen die Kinder freiwillig an den Experimenten teil (ca. 70–80 Prozent) und erst gegen Ende der Versuchsreihe sank die Teilnahme auf 60 Prozent, was z. T. aber auch darin begründet war, dass durch Ferienbeginn einige Kinder gar nicht mehr in die Einrichtung kamen.

Untersuchungen der Erinnerungsfähigkeit

Was die Erinnerungsfähigkeit der Kindergartenkinder an die naturwissenschaftlichen Experimente betrifft, so haben wir es uns ganz besonders schwer gemacht: Erst etwa drei bis sechs Monate nach Abschluss der Experimentierreihe wurden mit den Kindergartenkindern Einzelinterviews durchgeführt.

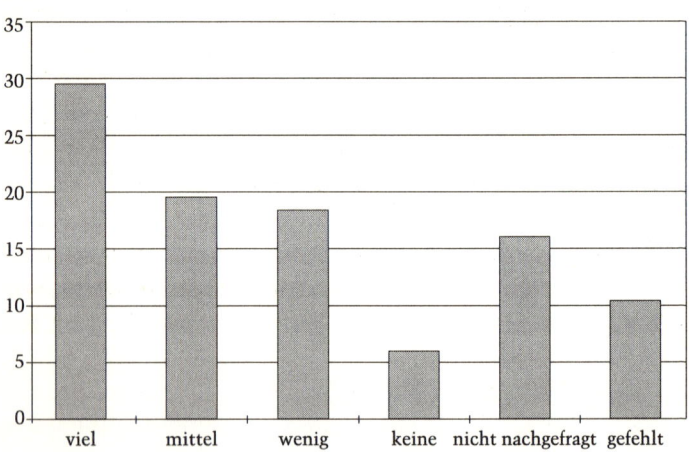

Erinnerungsfähigkeit der Kindergartenkinder an die Versuche der Experimentierreihe in Prozent (viel = Erinnerung an Versuchsaufbau und naturwissenschaftliche Deutung des Versuchs; mittel = Erinnerung mit etwas Hilfestellung).

Obwohl die Kinder vor den Interviews keine Gelegenheit hatten, sich noch einmal auf die Versuche vorzubereiten, war ihre Erinnerungsfähigkeit überraschend hoch: Rund 30 Prozent der Experimente konnten ohne jede Hilfestellung rekonstruiert werden, weitere 20 Prozent kamen mit geringer Unterstützung wieder ins Gedächtnis. Die Abbildung zeigt die Untersuchungsergebnisse einer Kieler Kindergarteneinrichtung, bei der 18 Kinder interviewt wurden.

Beide Untersuchungsergebnisse stimmen zuversichtlich, was die Naturwissenschaftsvermittlung im frühen Kindesalter betrifft, und es stellt sich die Frage, ob vergleichbare Ergebnisse in späteren Jahren, wenn der „eigentliche" Einführungsunterricht in Chemie und Physik beginnt, überhaupt noch erzielt werden können.

Noch ein weiteres Ergebnis machten die empirischen Untersuchungen deutlich: Kinder, die als „verhaltensauffällig" oder unkonzentriert galten, aber auch Kinder mit Behinderungen – sei es körperlich oder geistig – haben mit besonders großem Interesse an der Experimentierreihe teilgenommen. Bislang wurde diese Beobachtung noch nicht in Einzeluntersuchungen näher verfolgt, aber wir sind fest davon überzeugt, dass diese Kinder mit einem noch größeren Interesse die „Konstanz der Naturgesetze" beobachten und reproduzieren als andere Kinder. Die Frage, warum das so ist und welches Potential die Naturphänomene für diese Kinder bergen, wird in weiteren Untersuchungen unser Thema sein.

„Ich will wissen, was da vor sich geht." Die Bedeutung der intrinsischen Motivation im Vorschulalter und beim außerschulischen Lernen

Ähnlich wie das naturwissenschaftliche Experimentieren in den vorgestellten Kindergartenuntersuchungen ist auch das Ergründen naturwissenschaftlicher Zusammenhänge am heimischen Küchentisch völlig unabhängig vom klassischen Schul- und Bildungssystem und dadurch insbesondere durch ein Kriterium gekennzeichnet: Es unterliegt keinem direkten Beurteilungs- und Leistungssystem. Dies ist nicht ohne Folgen für die Motivation. Auf den Zusammenhang zwischen Leistung, Lernen und Beurteilen soll im Folgenden eingegangen werden.

Grundsätzlich unterscheidet man zwischen zwei Formen der Motivation: der „intrinsischen" und der „extrinsischen" (Deci/Ryan, 1993; Krapp, 1999). Die extrinsische Motivation wird ganz besonders durch äußere Faktoren wie Leistungsbeurteilung oder Lob durch die Eltern beeinflusst. Dagegen ist die intrinsische Motivation durch einen von „innen" gesteuerten Lernantrieb gekennzeichnet. Kindliche Neugierde, aber auch interessegeleitetes Lernen gelten als Prototypen der intrinsischen Motivation.

Die Psychologen SCHIEFELE und SCHREYER haben 1994 Untersuchungen durchgeführt, in denen der Zusammenhang zwischen Motivation und Erfolg im Mittelpunkt stand. Sie kommen dabei zu dem eindeutigen Ergebnis, dass intrinsische Orientierung im Durchschnitt mit höherer Leistung in Verbindung steht als extrinsische (Schiefele, Schreyer, 1994).

Hierzu ein Beispiel: Ein Mann beobachtet aus seinem Fenster, wie Kinder einen alten Mann auf einer Parkbank hänseln und ärgern. Auch an den folgenden Nachmittagen wiederholen die Kinder die Hänselei. Der Beobachter möchte dem Ganzen ein Ende setzen. Er spricht die Kinder an und vereinbart Folgendes mit ihnen: „Ich gebe euch eine Mark, wenn ihr den Alten morgen Nachmittag mal so richtig ärgert und hänselt." Vom Fenster aus beobachtet er am nächsten Tag, wie die Kinder wie gewohnt den Alten ärgern. Am nächsten Tag passt er die Kinder wieder ab und vereinbart mit ihnen das Gleiche wie am Vortag. Bei seinen Beobachtungen am Fenster kann er allerdings erkennen, dass die Kinder ihre „Aufgabe" immer lustloser angehen. Schließlich sagt der Mann zu den Kindern: „Könnt ihr den Mann auf der Parkbank morgen mal so richtig ärgern; allerdings kann ich euch kein Geld dafür geben." Das lehnen die Kleinen empört ab: „In den letzten Tagen hast du uns eine Mark dafür gegeben, und nun sollen wir das umsonst machen" – und die Kinder ärgern den alten Mann nicht wieder…

Durch die Bezahlung ist ganz allmählich aus der intrinsischen Motivation eine extrinsische geworden. Was für den alten Mann auf der Parkbank als Glücksfall bezeichnet werden kann, ist in den meisten Situationen des täglichen Lebens eher ein Dilemma: Sei es die Benotung in unserem Bildungssystem oder die Kopplung von Gehalt und Leistung in unserem Berufsleben – immer geht dabei ein Stück des kostbaren Schatzes „Eigenantrieb" verloren. Das hat fatale Folgen: Intrinsische Motivation führt zu besserem Erfolg; das Belohnungssystem scheint geradezu kontraproduktiv zu wirken.

Bezogen auf das naturwissenschaftliche Experimentieren im frühen Kindesalter bedeutet diese Erkenntnis der unterschiedlichen Ergebnisse von intrinsischer und extrinsischer Motivation: Solange die Kinder freiwillig aus eigenem Interesse naturwissenschaftlichen Phänomenen auf den Grund gehen wollen – und das tun sie gerade im frühen Kindesalter unabhängig von Schul- und Leistungsdruck –, ist der Lernerfolg höher als später im Schulunterricht, wenn er durch die Notengebung eher extrinsisch motiviert ist. Vor diesem Hintergrund können auch die eben vorgestellten positiven Ergebnisse der empirischen Untersuchungen in Kindergarteneinrichtungen gedeutet werden.

IV Vom Experimentieren und vom „Sinn der Sinne"

Wenn es um wissenschaftliche Inhalte geht, dann scheint der Mensch im Wesentlichen auf Verstand und Sprache reduziert zu sein; die sinnliche Wahrnehmung ist dagegen auf ein Minimum zurückgedrängt. In langen Abhandlungen werden komplexe Gedankengebäude vorgestellt, und auch auf Vortragstagungen dominiert naturgemäß das gesprochene Wort. Euphorische Äußerungen über das faszinierende Aussehen etwa eines Steins oder den Duft, der von einer bestimmten chemischen Substanz ausgeht, gelten in einer wissenschaftlichen Diskussion als unangebracht.

So lautete beispielsweise kürzlich der Titel einer chemie- und physikdidaktischen Fachtagung „Sprache und Kommunikation – Grundlagen für das Lernen in Physik und Chemie". Hätte der Titel stattdessen „Riechen und Schmecken – ..." gelautet, so hätte sicherlich so manch einer an der Ernsthaftigkeit der Tagung gezweifelt – und das, obwohl es zumindest in der Chemie jede Menge zu riechen und zu schmecken gibt.

Die Bedeutung von Sprache und Denken in der Mythologie und Philosophie

Die Vorrangstellung des Denkens vor den Sinnen hat in der Menschheitsgeschichte eine lange Tradition: Beispiele finden sich etwa im althebräischen Bilderverbot, im Beginn des Johannesevangeliums „Am Anfang war das Wort" oder aber in der germanischen Mythologie, wenn beispielsweise Wotan ein Auge opfert, um an die Quelle der Weisheit geführt zu werden.

Auch in zahlreichen philosophischen Konzepten – angefangen bei den platonischen Dialogen bis hin zu neuzeitlichen Konstrukten – scheinen die Sinne eine nur untergeordnete Rolle zu spielen; meistens kommen sie erst gar nicht vor. Ganz entscheidend hat zu dieser Entwicklung in der Moderne der Rationalismus beigetragen, vor allem die Philosophie René DESCARTES. Auf der Suche nach einer Grundlage für eine abgesicherte und exakte Wissenschaft identifiziert er das denkende Subjekt als erste Gewissheit. Nur in dem Moment, in dem sich der Mensch bewusst ist, dass er denkt, kann er sich seiner Existenz, nämlich als Denkender, gewiss sein: „Ich denke, also bin ich." Nicht das Schmecken, Riechen oder Fühlen sind bei Descartes' Überlegungen von Bedeutung, denn sie können durch Sinnestäuschungen verfälscht sein. Er konzentriert sich daher allein auf das Denken.

Die kartesische Philosophie blieb nicht ohne Folgen für die Entwicklung der modernen Naturwissenschaften: Solange Phänomene mit Hilfe der Arithmetik und Geometrie beschreibbar seien – so Descartes –, wären die so gemachten Aussagen von größerer Wahrheit als die Beobachtungen, die in keine Formelsprache gepresst werden können. Die Wahrnehmung selbst ist damit also etwas Zweitrangiges. Daran hat auch die philosophische Gegenströmung, der Empirismus, der beispielsweise von John LOCKE und David HUME in England vertreten wurde, nur wenig ändern können. Allerdings ist noch heute zwischen der angelsächsischen Wissenschaftskultur und der des europäischen Festlandes gerade in Hinblick auf die „Sinnhaftigkeit" von naturwissenschaftlichen Darstellungen, sei es in der Schul- und Lehrbuchliteratur oder in der Museumsgestaltung sogenannter Natur- und Technikmuseen, noch ein deutlicher Unterschied zu beobachten: die angelsächsische Wissenschaftskultur ist „sinnesfreudiger".

Es drängt sich die Frage auf, womit denn nun eigentlich der Zugang zu den Naturwissenschaften zuverlässig gelingen könne: durch Sprache oder durch die Sinne.

Das sprachliche Dilemma bei der Beschreibung eines brennenden Teelichts

Werfen wir zunächst einen „Blick" auf die Sprache: Seit dem 18. Jahrhundert wird die Einheit von Sprache und Denken diskutiert. Wenn auch gerade in der neueren Zeit Uneinigkeit darüber besteht, ob denn nun die Sprache das Denken beeinflusst oder nicht, so bleibt der Einfluss von Sprache auf den Erkenntnisprozess doch unbestritten. Aber kann Sprache denn wirklich das sinnlich Wahrgenommene so ganz genau wiedergeben?

Nehmen wir einmal an, vor Ihnen auf dem Tisch stünde ein Teelicht. Und damit es beim Lesen etwas gemütlicher würde, zündeten Sie sich nun das Teelicht an. Einem interessierten Anrufer, der sich bei Ihnen erkundigt, ob nun ein Teelicht brenne oder nicht, würden Sie sicherlich ohne zu zögern antworten: „Das Teelicht brennt." Falsch! Bis Sie

nämlich beim Sprechen des Satzes am ‚t' des Wortes „brennt"
angelangt sind, hat sich unter naturwissenschaftlichen Ge-
sichtspunkten mit Ihrem Teelicht eine ganze Menge ereignet: Wachs ist am Docht mit Sauerstoff in Verbindung ge-
treten, und es haben sich bei einem Verbrennungsvorgang
Kohlenstoffdioxid und Wasser gebildet. Ohne Frage ist Ihr
Teelicht während des Satzes auch merklich leichter geworden; schließlich hat sich ja Wachs in einem chemischen
Prozess umgewandelt (aber „weg" ist das Wachs nicht!).
Möglicherweise hat sich das Aluminiumgehäuse durch zunehmende Erwärmung ein wenig ausgedehnt; auf jeden Fall
hat sich zwischenzeitlich auch der Docht weiter verändert
– und es ließen sich zahlreiche weitere Änderungen auflis-
ten, die sich ereignet haben, während Sie so völlig ahnungs-
los diesen unangemessenen Satz Ihrem Telefonpartner mit-
teilten.

Streng genommen ist Sprache ein unzureichendes Instrument, um Wirklichkeit widerzuspiegeln: Wie an dem Beispiel Ihres Teelichts beschrieben, kann Sprache den Prozess
der Veränderung nie genau wiedergeben. Darüber hinaus
sind auch die Worte und Begriffe im Hinblick auf das Be-
zeichnete ungenau. Worte und Begriffe bezeichnen immer
nur das Allgemeine und vernachlässigen das Individuelle.
Sie werden nun vielleicht denken, dass bei dem Satz „Das
Teelicht brennt" mit dem Wort „Teelicht" ja eben ganz
genau das eine Teelicht gemeint sei, das nun brenne; also
etwas ganz Individuelles bezeichnet wurde. Das ist richtig.
Aber angenommen, eine Stunde später würden Sie erneut
ein Teelicht anzünden und einem weiteren Anrufer auf seine Frage die bereits diskutierte Antwort geben, würden Sie
dann für das zweite Teelicht eine andere Wortwahl treffen?
Teelicht bleibt sprachlich immer Teelicht, trotz der Ver-
schiedenheiten in Gewicht, Zustand, Farbe etc. Dasselbe
gilt für die Blätter eines Baumes – egal wie unterschiedlich
sie geformt sind – oder für die Seiten dieses Buches, das Sie

gerade in der Hand halten, von der garantiert nicht eine der anderen gleicht, denn schließlich hat ja jede – zum Glück – einen anderen Inhalt.

Es ließen sich noch zahlreiche weitere Beispiele sprachlicher Unzulänglichkeiten aufzählen, die vor allem auch im grammatikalischen Bereich zu finden sind, aber schon die genannten Beispiele zeigen, dass Sprache allein offensichtlich kein angemessenes Instrument sein kann, um sich einem naturwissenschaftlichen Phänomen zu nähern. Umso überraschender ist die Missachtung der sinnlichen Wahrnehmung gerade in den Naturwissenschaften!

Das Zusammenspiel von Sprache und Sinnen im frühen Kindesalter

Es gibt eine Zeit während der Entwicklung eines jeden Menschen, in der die oben besprochene Vorherrschaft der Sprache vor den Sinnen nicht zutrifft, und zwar das frühe Kindesalter. Trotz eines weit entwickelten Sprachvermögens schon bei Fünfjährigen ist die Sprachentwicklung in der Regel erst in einem Alter von etwa acht Jahren abgeschlossen. Die grammatikalischen Regeln der zuerst erworbenen Muttersprache werden dann beherrscht; lediglich der Wortschatz wird im Laufe der Zeit noch vergrößert. In dieser frühen Entwicklungsphase ist die sinnliche Wahrnehmung sogar der Vorläufer für Sprachentwicklung, wie Piaget beispielsweise am Begriff der Kausalität beschreibt. Das Kind erfährt zunächst an den Bewegungen der eigenen Gliedmaßen (taktilo-kinästhetische Wahrnehmung) einen Zusammenhang zwischen Ursache und Wirkung, später dann durch visuelle Wahrnehmung. Erst danach wird der entsprechende Begriff sprachlich entwickelt.

Die sinnliche Wahrnehmung ist also im frühen Kindesalter noch ein ganz entscheidender Zugang zu den Dingen, die das Kind umgeben. Umso wichtiger ist es, den Kindern diesen sinnlichen Zugang auch zu eröffnen. Daher ist der experimentelle Zugang zu den Phänomenen ein geeigneter Weg für eine erste Annäherung zu den Naturwissenschaften. Riechend, hörend, schmeckend, beobachtend und fühlend kann Ihr Kind die Veränderungen im Experiment wahrnehmen. Die Beobachtungen allein würden nun jedoch nicht ausreichen; Ihre Erklärungen – bei allen zwangsläufig bestehenden sprachlichen Unzulänglichkeiten – liefern Ihrem Kind eine Interpretation des Wahrgenommenen, durch die Naturphänomene auf Gesetzmäßigkeiten zurückgeführt werden und so auch ein wenig „entzaubert" werden können.

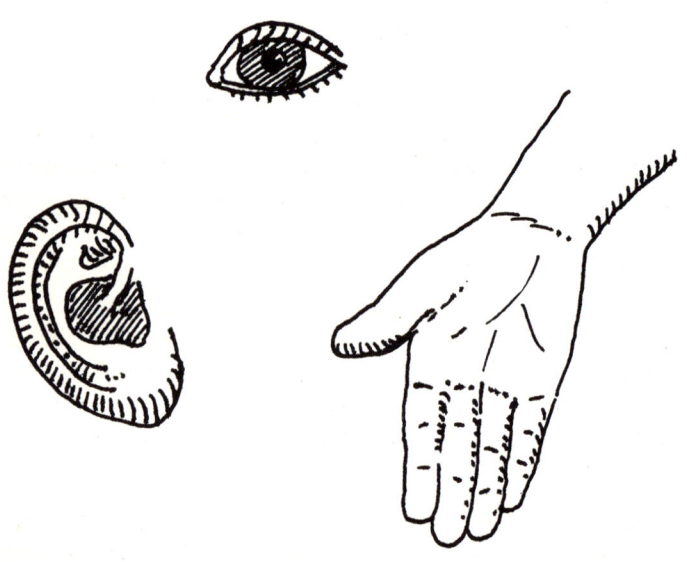

V Wie sag ich's meinem Kinde?

Neben dem Experiment selbst ist auch die Deutung der Phänomene ganz entscheidend, wenn es darum geht, Kinder an die Naturwissenschaften heranzuführen. Anders als das Experimentieren ist das Erklären allerdings naturgemäß immer an Sprache gebunden. Wie sonst ist es möglich, dass Sie Ihrem Kind näher bringen, weshalb eine Kerzenflamme unter einem Glas erlischt?

Allerdings ist die Sprache auch – um es mit den Worten Saint-Exupérys in „Der kleine Prinz" zu sagen – die Quelle aller Missverständnisse. Dies liegt nicht nur an der immensen Vielfalt an Worten und Begriffen, die durch die unterschiedlichen Nuancen in der Bedeutung beim Zuhörer unterschiedlich „ankommen"; es werden sprachlich durch eine bestimmte Formulierung auch ganz gezielt Stimmungen erzeugt.*

Einen Sonnenuntergang beispielsweise können Sie ganz sachlich beschreiben. Dann heißt es etwa: „Durch die Rotation des abgeplatteten Ellipsoids Erde um die durch ihren Schwerpunkt gehende Erdachse gelangt mit einer Ge-

---

* RILKE hat dies ganz eindringlich in einem seiner frühen Gedichte beschrieben: **Ich fürchte mich so vor der Menschen Wort.** / Sie sprechen alles so deutlich aus: / Und dieses heißt Hund und jenes heißt Haus, / und dies ist Beginn und das Ende dort. // Mich bangt auch ihr Sinn, ihr Spiel mit dem Spott, / sie wissen alles, was wird und war / kein Berg ist ihnen mehr wunderbar; / ihr Garten und Gut grenzt gerade an Gott. // **Ich will immer warnen und wehren: Bleibt fern. / Die Dinge singen hör ich so gern. / Ihr rührt sie an: sie sind starr und stumm. / Ihr bringt mir all die Dinge um.** (Hervorhebungen G. L.)

schwindigkeit von 86 164,099 Sekunden pro Umdrehung – vom Nordpol gesehen gegen den Uhrzeigersinn – eine Erdhälfte in den Erdschatten des Zentralkörpers Sonne." Zur Beschreibung desselben Phänomens können Sie aber auch die folgende Formulierung wählen, die Franz Tummler in seinem Essay „Volterra" verwendet hat: „Die Sonne ist noch am Himmel [...], aber sie setzt schon ihren weichen Fuß auf und sinkt langsam ein. Zu erkennen ist schon das rote Leuchtfeuer vor dem Hafen..."

Die unterschiedliche Stimmung, die beide Formulierungen beim Zuhörer erzeugen, ist nicht zu unterschätzen. Auch beim Kind werden unterschiedliche Stimmungen hervorgerufen, je nachdem, ob wir das Brennen einer Kerzenflamme durch die Formulierung „Luft ist zum Brennen einer Kerze erforderlich" oder „Die Kerze frisst Luft" beschreiben.

Dass die Überlegungen zur Wortwahl bei naturwissenschaftlichen Beschreibungen nicht trivial sind, belegt ein jahrzehntelanger Disput der Fachwelt. Über lange Zeit

wurden Animismen – also Beschreibungen von Naturphänomenen, die den Dingen eine Seele zusprechen, wie etwa
in „Die Kerze frisst die Luft" – verpönt und aus allen naturwissenschaftlichen Formulierungen verbannt. In den
Schulbüchern von der Grundschule bis hin zu den Abitur-
jahrgangsstufen bemühte man sich redlich, bei naturwissenschaftlichen Erklärungen auf Animismen jeder Art zu
verzichten. Abbildungen stellten naturwissenschaftliche
Themen sachlich korrekt dar. Im Fach Chemie griff man
zur „Belebung" der ansonsten so trockenen Materie auf
Abbildungen großtechnischer Anlagen zurück. Darstellungen von Atomen, die einander die Ärmchen entgegenstre-
cken, um gemeinsam eine Atombindung einzugehen, oder
Wassertropfen mit Knollennasen fand man nur noch in der
angelsächsischen Literatur und belächelte diese als unwis-
senschaftlich.

Aber so ganz ohne Animismen kam auch hierzulande die
sachlich-fachliche Darstellung weder in den Schulbüchern
noch im Unterricht aus: Da ist die Rede von *gesättigten*

125

Lösungen, von metallischem *Charakter*, von *harter* oder *sanfter* Chemie, von *angeregten* Zuständen – die Liste von animistischen Ausdrucksweisen in der Fachsprache ließe sich noch lange fortsetzen, vor allem wenn man einen Blick auf die altphilologisch zusammengesetzten Begriffe wirft: hydrophob und hydrophil (wasserliebend und wasserfeindlich), Ion (der Wanderer), in statu nascendi (im Zustand des Geborenwerdens) etc.

Völlig ohne Animismen geht es offensichtlich doch nicht, und so ist es sicherlich auch zu verstehen, dass allmählich (seit Beginn der neunziger Jahre) in vielen naturwissenschaftlichen Beschreibungen, sei es in Gebrauchsanweisungen für technische Geräte, in Gesundheitsratgebern, aber auch in der Schulbuchliteratur kugelige Atomverbände mit Knollennasen und Sprechblasen wieder Einzug halten.

Obwohl in der einschlägigen Literatur diese Rückkehr zu den Animismen kaum diskutiert wird, ist es m. E. ganz entscheidend, einmal Klarheit über die unterschiedlichen Auswirkungen der verschiedenen Darstellungsweisen zu bekommen.

Kinder im Vorschulalter, aber auch noch später im Grundschulalter, interpretieren ihre Umwelt zunächst animistisch, d. h. sie beseelen auch die unbelebten Dinge, denen sie im Alltag begegnen. Natürlich ist der Teddybär beseelt (und auch die meisten Erwachsenen könnten nur schwer abstreiten, dass sein Innenleben nur aus einem Strohballen besteht), aber auch den Naturphänomenen liegt ein animistisches Prinzip zugrunde. Wir nehmen diese kindliche Weltinterpretation gerne auf: Der „Mann im Mond" ist ein solcher Animismus, aber auch die naturwissenschaftlich recht fragwürdige Kausalität zwischen aufgegessener Mahlzeit und schönem Wetter.

Diese beim Kind noch ausgeprägte Anlage zum animistischen Denken geht nun nicht plötzlich verloren, sondern weicht nur ganz langsam einer rationalen, sachlich angemessen Naturdeutung. Auch im Erwachsenenalter sind noch Relikte des animistischen Denkens geläufig. Wir sagen „Die Sonne lacht" oder „Das Auto streikt", und wir alle kennen die Augenblicke, in denen die unbelebten Dinge zeitweilig eine Physiognomie besitzen. Es sind dies vor allem die Zustände gesteigerter Affektivität: Eine Landschaft wirkt auf uns dann beispielsweise freundlich oder trist.

GEBHARD hat den Zusammenhang zwischen animistischem Denken und rational-naturwissenschaftlicher Weltdeutung in „Kind und Natur" folgendermaßen gedeutet: Animistische Weltinterpretationen begleiten uns ein Leben lang, werden aber durch Sachkenntnis allmählich zurückgedrängt, da diese gleichsam „eine dünne Schicht vor dem Magischen" bildet. Der gravierende Unterschied zwischen der rationalen Sichtweise und der animistischen Weltdeutung beruht auf dem emotionalen Einfluss: Animismen können das affektive Band zur Natur deutlich intensiver festigen als rein wissenschaftliche Naturinterpretationen. Wenn wir beispielsweise sagen „Das Auto streikt", so schwingt geradezu eine Art verzeihendes Verständnis mit, das man bei der nüchternen Formulierung „Wegen eines Motorschadens wurde das Auto nicht in Bewegung gesetzt" vergeblich sucht.

Sollte man daher den animistischen Redeweisen vor den rationalen den Vorzug geben? Gebhards Analysen zufolge liegt der Königsweg in der Mitte; keine der beiden Interpretationsmöglichkeiten darf die Überhand gewinnen.

Wo liegt die Gefahr eines Zuviel an Animismen? Darin, dass es ein Weltbild fördert, in dem sich der Mensch im Mittelpunkt des Naturgeschehens sieht, um den herum sich alles Naturgeschehen orientiert. Diese anthropozentrische (= den Menschen in den Mittelpunkt stellende) Sichtweise ist bereits an so harmlosen Formulierungen wie „Die vorüberziehenden Wolken nehmen mir die Sonne weg" zu beobachten. Genau genommen besteht weder bei den Wolken eine gezielte Absicht, einen Schatten zu werfen, noch ist die Sonne wirklich „weg". Von einem anderen Standpunkt betrachtet ist sie durchaus noch da. Eine ausschließlich egozentrische Weltbetrachtung bliebe – so Gebhard – nicht ohne Folgen für die Ökologie: Wird Natur immer nur als Mittel zum Zweck des Menschen betrachtet, als ausschließlich ihm zur Verfügung stehendes Instrument und nicht als etwas, an dem der Mensch Anteil hat, dann ist die ökologische Krise vorprogrammiert, die einseitige Ausbeutung und letztlich die Zerstörung der Natur.

Ein Verzicht auf Animismen, eine radikale Versachlichung der Natur, bleibt dagegen auch nicht ohne Konsequenzen: Dadurch würde der affektive Zugang zum Phänomen zurückgedrängt und eine Entseelung der Natur eintreten, die den Menschen gegenüber der Natur unbeteiligt werden lässt. Das bewahrende, behütende Element, das durch einen affektiven Zugang gefördert wird, käme hier gar nicht mehr zum Zuge.

All diese beschriebenen Unterschiede in der animistischen oder rationalen Deutung der Naturphänomene sind auch von Bedeutung, wenn Sie Ihrem Kind den naturwissenschaftlichen Hintergrund zu den Experimenten näher bringen. In den Texten „Erklärung" der Experimente im Teil II dieses Buches wurden bewusst nur die naturwissenschaftlichen Zusammenhänge beschrieben, die zum Verständnis des Phänomens erforderlich sind. Welche Sprache Sie nun wählen, um Ihrem Kind die naturwissenschaftlichen Abläufe zu erklären, welche Bezüge Sie zu bereits Bekanntem herstellen, welche Beispiele Sie wählen, ist so stark vom individuellen Umfeld abhängig, dass hier keine konkreten Vorschläge gemacht werden können.

In jedem Fall ist es zu begrüßen, wenn Sie bei den Erklärungen auch animistische Deutungen verwenden – und dies aus gleich drei Gründen: zum einen befindet sich Ihr

Kind wohl noch in einem Alter, in dem ihm die animistische Weltinterpretation sehr nahe steht; zum anderen intensivieren animistische Erklärungen das „affektive Band"; und zum dritten ist es nahezu unmöglich, einen Sachverhalt völlig frei von animistischen Redewendungen zu formulieren.

VI Was Kinder von den Medien schon immer über Naturwissenschaften wissen wollten – und was die Medien ihnen anbieten

Der Freizeitforscher OPASCHOWSKI stellte Mitte der achtziger Jahre einmal die Rechnung auf, dass ein 18-Jähriger in seinem Leben ca. 13 000 Stunden vor dem Fernseher verbracht hat, aber nur 12 000 Stunden in der Schule. Sicherlich wird sich dieses Verhältnis seitdem noch mehr zugunsten des Fernsehens verschoben haben (Opaschowski 1983, S. 149).

Und noch ein wenig Statistik: Der Soziologe RENN ermittelte in seinen Untersuchungen, dass noch zu Beginn des 20. Jahrhunderts der Anteil der direkt wahrnehmbaren Erfahrung rund 40–60 Prozent des gesamten gespeicherten Wissens betrug. Gegen Ende des Jahrhunderts war dieser Anteil auf 10 Prozent reduziert, der Rest bestand aus durch Medien vermittelten Erfahrungen (Renn 1986, S. 46). Die Wohn- und Lebenskultur in Zentralafrika oder die Schönheiten der Unterwasserwelt beispielsweise kennen die meisten von uns überwiegend durch die Medien. Sicherlich sind Ihnen auch mehr Menschen durch das Fernsehen bekannt, als Sie jemals persönlich kennengelernt haben und noch kennenlernen werden.

Die folgenden Daten werfen ein Licht auf den Bildungseinfluss der Medien: Wie eine 1988 von AIKENHEAD durchgeführte Studie belegt, beziehen Schülerinnen und Schüler ihre Vorstellungen über Naturwissenschaften sowie gesellschaftliche und naturwissenschaftliche Zusammenhänge nur zu 10 Prozent aus dem naturwissenschaftlichen Unterricht. Viel bedeutender sind dagegen die Massenmedien mit

73 Prozent, und zwar mit 46 Prozent Film und Fernsehen und mit 27 Prozent die Printmedien (Aikenhead 1988, S. 607 ff).

Auch Ihr Kind wird viele naturwissenschaftliche Erfahrungen durch die Medien vermittelt bekommen. Die Medien begeistern Kinder für naturwissenschaftliche Themen lange, bevor unser Bildungssystem Naturwissenschaftsvermittlung vorsieht – und sie beeinflussen die Meinung Ihres Kindes über naturwissenschaftliche Zusammenhänge.

Welche Medien vermitteln naturwissenschaftliche Themen und welchen Einfluss üben sie aus?

Für Kinder im Vorschulalter und in den ersten Grundschuljahren sind es vor allem die Medien Fernsehen, Hörkassetten und Kindersachbücher, durch die sie etwas über naturwissenschaftliche Hintergründe ihrer Umwelt vermittelt bekommen. Später kommen noch Hörfunk und Kinderzeitschriften hinzu, wobei vor allem letztere an Beliebtheit ständig zunehmen.

Nicht direkt zu den „klassischen" Medien zählen zwei weitere Einflüsse auf das naturwissenschaftliche Interesse Ihres Kindes: Das sind zum einen die Experimentierkästen und zum anderen sogenannte „Science Center", auf die in diesem Kapitel ebenfalls kurz eingegangen wird.

Gerade weil in unserem Bildungssystem naturwissenschaftliche Inhalte erst spät vermittelt werden, ist es so wichtig, einmal einen Blick auf die Qualität der in den Medien behandelten naturwissenschaftlichen Inhalte zu werfen – stellen diese Informationsquellen doch möglicherweise über lange Zeit den einzigen Zugang der Kleinen zu Fragen an die Natur dar. Bislang sind solche kritischen Auseinandersetzungen mit Kindermedien noch recht selten. Dies betrifft sowohl die Aufnahme und Verarbeitung der Inhalte seitens der Kinder – hier spricht man von Medienrezeptionsanalysen – als auch die „objektive" Qualität der vermittelten Inhalte, deren Einschätzung in der Regel an den noch mangelnden Beurteilungskriterien scheitert.

Naturwissenschaftsvermittlung
durch Fernsehsendungen

Um gleich zu Beginn des viel umstrittenen Themas „Kinder und Fernsehen" mit einem möglichen Vorurteil aufzuräumen: Kinder zählen bei weitem nicht zu der Altersgruppe, die die meiste Zeit vor dem Fernseher verbringt: Wie die folgende Tabelle zeigt, ist dies vielmehr Ihre Generation oder die Generation Ihrer Eltern, die mit täglich durchschnittlich vier Stunden Fernsehkonsum mehr als doppelt so lange fernsieht wie – statistisch gesehen – Ihr Kind.

Alter der Zuschauer	Sehdauer pro Tag in Min.
3–5	81
6–9	96
10–13	120
14–19	88
20–29	122
30–39	161
40–49	174
50–64	206
> 65	242

Tabelle: Fernsehnutzung der Zuschauer nach Altersgruppen.
(Die Angaben für Erwachsene beziehen sich auf eine Studie aus dem Jahre 1994; die Angaben für Kinder sind einer aktuelleren Studie von 1997 über Fernsehverhalten von Kindern entnommen.)

Die oben beschriebene Fernsehdauer allein gibt zunächst noch keinerlei Aufschluss über die bevorzugten Fernsehinhalte der Kinder, und mit der Zunahme an Kindersendungen – insbesondere im digitalen Fernsehen – fällt hierzu eine Prognose immer schwerer. Allein die Sender PRO 7 und RTL 2 senden pro Woche 100 Stunden Kinderprogramm, und Super RTL strahlt täglich sechs Stunden für Kinder aus.

Dagegen kommen die öffentlich-rechtlichen Sender, die wichtigsten Initiatoren von Naturwissenschaftssendungen für Kinder, mit wöchentlich zehn (ARD) und zwölf (ZDF) Stunden nur auf einen Bruchteil der Privatsender.

Es ist also bei diesem großen Angebot, das von Actionfilmen über Abenteuer- und Detektivgeschichten, Alltagsgeschichten, Spielshows etc. bis hin zu Informationssendungen reicht, zunächst noch gar nicht auszumachen, ob das Angebot an naturwissenschaftlichen Fernsehinhalten im Rahmen des Kinderprogramms überhaupt von den Kindern – und den Eltern – angenommen wird.

Einen ersten Eindruck können die Einschaltquoten der einzelnen Sendungen und die entsprechenden Marktanteile vermitteln. Diese Werte beziehen sich allerdings immer nur auf einzelne Sendungen oder Serien, geben aber keine Relationen zu anderen Sendeinhalten wieder. Untersuchungen zum Interesse an bestimmten Sendungen in den einzelnen Altersgruppen geben hier genauere Auskunft, denn mit deren Hilfe werden Informationen über die Beliebtheitsskala ermittelt.

Danach war die „Sendung mit der Maus" im Jahr 1996 die beliebteste Sendung der Drei- bis Fünfjährigen und konnte die ersten neun Plätze der hundert meistgesehenen Kinderfernsehsendungen belegen. Erst mit einigem Abstand folgten in der Beliebtheit der „Tigerentenclub" sowie die Zeichentrickserie „Tom & Jerry" (Feierabend, Windgasse 1997, S. 192). Dies zeigt, dass eine Sendung mit naturwissenschaftlichen Inhalten durchaus bei der Zielgruppe ankommt. Auch bei den Eltern ist die Akzeptanz sehr hoch: Nach ihrer Einschätzung zählen die „Sendung mit der Maus" sowie „Sesamstraße" mit Abstand zu den geeignetsten Kindersendungen.

Das Angebot an Sendungen mit naturwissenschaftlichen Themen hat inzwischen – insbesondere bei der Vielzahl unterschiedlicher Sender – ein breites Spektrum erreicht, vor allem wenn man dann noch die Sendungen einbezieht, die sich mit naturwissenschaftlichen Themen an Erwachsene wenden, aber auch von Kindern gesehen werden. Es sollen im Folgenden die – was die Einschaltquoten betrifft – erfolgreichsten Kindersendungen vorgestellt werden, in denen auch Themen zur unbelebten Natur vorkommen. Es sind dies die Sendungen „Die Sendung mit der Maus", „Löwenzahn" und mit einigen Einschränkungen „Sesamstraße".

„... hier kommt die Maus"

Die „Sendung mit der Maus" wird allwöchentlich von ca. 2 Mio. Zuschauern gesehen, davon rund 300 000 Kindern im Alter zwischen 3 und 5 Jahren und ebenso vielen im Alter von 6–9 Jahren.

Die Sachgeschichten nehmen rund 30 Prozent der Sendezeit ein. Zu den rein naturwissenschaftlichen Inhalten zählen neben Beobachtungen aus der belebten Natur auch Phänomene aus den Bereichen Chemie, Physik und Technik. Nach einer Analyse des Instituts für Chemiedidaktik in Kiel überwiegt sogar der physikalisch-chemische Anteil gegenüber dem biologischen. Eine Vielzahl der Sachgeschichten tangiert auch naturwissenschaftliche Inhalte, die im vorliegenden Buch zusammengestellt sind.

Legt man die Kriterien an, nach denen die lernpsychologischen Voraussetzungen für das Verstehen naturwissenschaftlicher Inhalte erfüllt sind (Sprechgeschwindigkeit, Kameraführung, Handlungsaufbau etc.), so kann die „Sendung mit der Maus" als ausgesprochen gelungene Fernsehsendung für Kinder bezeichnet werden. Allerdings kommt das „Selber-Tun", das Sammeln eigener Erfahrungen, naturgemäß beim Medium Fernsehen zu kurz; darüber hilft auch kaum hinweg, wenn die Kinder häufig aufgefordert werden, das Gesehene doch einmal zu wiederholen.

Löwenzahn

Als Pendant zur „Sendung mit der Maus" gilt die ZDF-Kindersendung „Löwenzahn". Anstoß für die Konzeption gab die 1977 von der UNESCO veranstaltete erste Regierungskonferenz über Umweltfragen. Mit Themen aus Natur, Umwelt und Technik soll die Sendung Kindern bei der Bewältigung ihrer Umweltfragen helfen und kindgemäße Sachinformationen geben. Ähnlich wie bei der ARD-Sendung zählen zur Zielgruppe auch Vorschulkinder; allerdings ist mit der Altersangabe von 5–9 Jahren ein etwas älterer Adressatenkreis angesprochen.

Da von der Zielsetzung der Sendung her Umweltfragen einen deutlich größeren Stellenwert einnehmen, sind physikalisch-chemische Themen im Vergleich zur „Sendung mit der Maus" weniger vertreten. Auch diese Sendung kann nach Analyse der Kriterien für das Verstehen naturwissenschaftlicher Zusammenhänge nahezu uneingeschränkt als für Kinder empfehlenswert bezeichnet werden.

Sesamstraße

Im Unterschied zur „Sendung mit der Maus" oder „Löwenzahn" fällt der naturwissenschaftliche Anteil in der Reihe „Sesamstraße" deutlich geringer aus. Vielmehr stehen dort Vorschulprogramme im Vordergrund, die sich auf die amerikanische Bildungssituation Ende der sechziger Jahre beziehen, für die die „Sesamstraße" produziert wurde: Nach einem Wirtschaftsboom in den Nachkriegsjahren führten in den USA Ende der fünfziger Jahre Arbeitslosigkeit und Rassenprobleme vor allem in sozial benachteiligten Regionen zu einer Bildungsmisere. Dies hatte einen rapiden Anstieg des Analphabetismus zur Folge. Als kostengünstiges Bildungsinstrument wurde daher eine Vorschulerziehung via Fernsehen konzipiert, das damals fast in allen Haushalten zur Verfügung stand.

In Deutschland wurde die Sendung 1972 übernommen. Da die amerikanischen Folgen nicht auf deutsche Verhältnisse übertragbar waren, mussten 30 Prozent neu gedreht und rund 70 Prozent neu synchronisiert werden. Dies ging mit einer Neukonzeption für die deutschen Folgen von „Sesamstraße" einher: Weniger das kognitive, sondern vielmehr das soziale Lernen stehen hier im Vordergrund. Entsprechend sind Sachthemen nur selten vertreten, so dass „Sesamstraße" im Vergleich zur „Sendung mit der Maus" oder „Löwenzahn" eine deutlich geringere Bedeutung bei der Vermittlung naturwissenschaftlicher Inhalte einnimmt; die Sendung sollte hier nur der Vollständigkeit halber erwähnt werden, da häufig die Auffassung anzutreffen ist, hierbei handele es sich um eine Sendung mit Naturwissenschaftsvermittlung.

Bedenkt man die vergleichsweise lange Zeit, die Kinder vor dem Fernseher verbringen, drängt sich die Frage auf, ob durch das Fernsehen Zeit für den aktiven Umgang mit technischen Gegenständen „verloren geht". Eine Studie von GEISER, BAUMERT und EVANS aus dem Jahre 1997 kommt zu dem Ergebnis, dass das Fernsehen offensichtlich nicht dazu beiträgt, andere Aktivitäten zu behindern, sondern dass es im Gegenteil Alltagserfahrungsbereiche aus Technik und Haushalt unterstützt. Erst bei einem Fernsehkonsum von über drei Stunden täglich – was sicherlich eher als Ausnahme anzusehen ist – sinkt der Erfahrungserwerb (Geiser, Baumert, Evans 1997, S. 77).

Auch die Studie der ARD/ZDF-Medienkommission „Kinder und Medien" von Klinger und Groebel (1990) kommt zu dem Ergebnis, dass Fernsehen bei Kindern ein größeres Faktenwissen zur Folge hat, solange nicht über mehrere Stunden täglich intensiv ferngesehen wird (Klinger, Groebel 1994).

Naturwissenschaften für Bücherwürmer

Obwohl Kinder in der Regel im Vorschulalter und in den ersten Jahren der Grundschule noch keine ausreichende Lesefähigkeit entwickelt haben, um eigenständig Bücher zu lesen, eignen sie sich ganz besonders nachhaltig und intensiv die Buchinhalte an: nämlich dann, wenn die Bücher gemeinsam betrachtet und die Texte von den Eltern oder anderen Vertrauenspersonen vorgelesen werden. Anders als das Lesen im Erwachsenenalter, bei dem der Prozess auf Grund der erforderlichen Konzentration auf das Geschriebene eher mit einer Isolation verbunden ist, erlebt das Kind das gemeinsame „Lesen" im Bilderbuch als eine Situation, in der es sich geborgen fühlt, Zuwendung im wahrsten

Sinne des Wortes erfährt, in der es die vertraute Stimme der vorlesenden Bezugsperson hört und häufig ein liebevoller körperlicher Kontakt zum Vorlesenden besteht. Unabhängig vom Inhalt in Bild und Text ist diese Situation des Bilderbuchlesens besonders prägend und sicherlich etwas, woran die meisten von uns sich noch gut erinnern – möglicherweise sogar verbunden mit dem Inhalt des Vorgelesenen, der Bildgestaltung und dem Umfeld der damaligen Lesesituation.

Auch in einem Lebensalter, in dem das Lesen als solches noch kein aktiver Prozess ist und das Kind – anders als beim Fernsehen – auf die Auswahl des Kinderbuchs, zumindest auf dessen Erwerb, kaum einen Einfluss ausübt, so nimmt das Buch dennoch eine exponierte Stellung bei Kindern ein. Überraschend ist es daher, dass bislang kaum Analysen zu Printmedien und deren Einfluss auf Kinder im frühen Kindesalter vorliegen. Dieser Tatsache ist es wohl auch zuzuschreiben, dass bislang keinerlei Bewertungskriterien in Bezug auf Sachbücher für die Zielgruppe Vor- und Grundschulkinder zu finden sind; oft sucht man sogar nach genauen Altersangaben vergeblich. Vor allem aber sind die Inhalte einiger Experimentierbücher bedenklich, besonders dann, wenn eben die Altersangaben nicht ausreichend konkret sind!

Es sind vor allem fünf Aspekte, die aus meiner Sicht bei der Beurteilung eines Kindersachbuchs berücksichtigt werden sollten:

Zunächst müssen die in den Experimentierbüchern dargestellten Experimente absolut ungefährlich sein, sicher gelingen und die dazu erforderlichen Materialien auch leicht zugänglich sein, um Frustrationen zu vermeiden. Versuche etwa mit Blechkanistern, die man über einer offenen Feuerstelle erhitzen soll, gehören einfach nicht in eine Versuchssammlung. Fast alle gängigen deutschsprachigen Kinderexperimentierbücher wurden von mir am Institut für Chemiedidaktik auf ihre Verständlichkeit und Durchführbarkeit getestet. Nicht selten habe ich dabei kapituliert, entweder, weil die Beschreibung der Experimente nicht eindeutig genug war, oder weil die erforderlichen Materialien selbst in einem Chemielabor nicht aufzutreiben waren, vor allem aber, weil mir einige Experimente – zugegeben, es waren nur wenige – zu gefährlich erschienen.

Neben den genannten rein praktischen Bedingungen sollten zudem die naturwissenschaftlichen Hintergründe des Experiments altersgerecht erklärt werden, um so den Verdacht der „Zauberei" auszuräumen. Hervorzuheben ist schließlich, dass immer die Altersgruppe und deren kognitiver Entwicklungsstand bei der Auswahl der Experimente, aber auch deren Beschreibung zu berücksichtigen sind.

Legt man diese Kriterien an die auf dem derzeitigen Buchmarkt befindlichen Sachbücher für Kinder an, so findet man selten alle Aspekt gleichzeitig berücksichtigt. Dies überrascht, bedenkt man, welche Sicherheitsmaßnahmen und Vorschriften sonst im Zusammenhang mit Kindern und der Kindererziehung einerseits und mit dem Umgang von Chemikalien andererseits einzuhalten sind.

Was Benjamin Blümchen
von Naturwissenschaften versteht

Das Hören ist ein besonders gefühlsorientierter Wahrnehmungssinn; daher fällt dem Kind, das auditiven Medien folgt, eine Distanzierung vom Aufgenommenen schwerer als bei visuell wahrgenommenen Inhalten. Mit „gespitzten Ohren" lauscht es einer Geschichte, wird „gepackt" von einer Handlung, folgt mit Spannung ihrem weiteren Verlauf. Gerade diese gefühlsbetonte Rezeption des Gehörten birgt zugleich auch die Gefahr einer frühen Beeinflussung durch Hörmedien, vor allem auch deshalb, weil Hörmedien – insbesondere Hörkassetten – häufig immer wieder abgespielt werden und sich so durch die Wiederholung besonders gut ins Gedächtnis einprägen.

Kinder haben schon sehr früh Zugang zu Hörkassetten: etwa 70 Prozent der Vierjährigen ist der Umgang mit Kassettenabspielgeräten bereits vertraut (Rogge 1996, S. 34). Ihre Popularität verdanken die Hörkassetten nicht zuletzt der Möglichkeit, sie als Babysitter-Ersatz einzusetzen, wenn die Zeit fehlt, sich mit dem Kind zu beschäftigen. Entsprechend überwiegt der Hörspielkonsum der Kinder in isolierter Situation (Hengst 1984, S. 217ff.).

Mit 27,5 Prozent zählt die Altersgruppe der Vier- bis Fünfjährigen zu den größten Nutzern von Hörkassetten, gefolgt von den Sechs- bis Siebenjährigen (23 Prozent). Aber selbst Kinder bis zu drei Jahren sind mit immerhin sechs Prozent eine nicht unbedeutende Nutzergruppe, wie eine 1994 erhobene Untersuchung über das Alter von Nutzern der KIOSK-Kinderkassetten ergab (Otterstein 1996, S. 148ff.).

Bedenkt man also, wie häufig gerade kleine Kinder den Hörkassetten zuhören und wie wichtig das Hören als Wahrnehmungssinn ist, so muss der ökonomisch orientierte Massenmarkt der Kinderhörkassetten, von Medienkritikern häufig auch als „Hörmüll" bezeichnet, sehr kritisch beurteilt werden. Rund 90 Prozent des Marktes werden von einigen wenigen Tonträgerproduzenten kontrolliert, so von der Bertelsmann Music Group (40 Prozent Marktanteil), Polygram sowie ITP-Ton und Bildträger GmbH. Unter den Firmennamen Europa, Karussell und Kiosk werden die Kinderhörkassetten am Markt angeboten.

Geradezu ein Verkaufsklassiker sind „Benjamin-Blümchen"-Hörkassetten. Mit bis zu 500 000 verkauften Musikkassetten pro Folge ist diese Reihe, die vom Tonträgerproduzenten KIOSK herausgegeben wird, Marktführer auf dem Sektor Kindertonkassetten. 1991 wurden mit 70 Folgen über 30 Millionen Kassetten verkauft. Inzwischen sind über 80 Folgen produziert worden (Heidtmann 1992, S. 66).

Wegen dieser großen Verbreitung und des hohen Bekanntheitsgrades bei Kindern haben wir uns die Kassetten einmal genau daraufhin angehört, was für ein Naturwissenschaftsbild die Leitfigur Benjamin Blümchen vermittelt. Dabei konnten die Empfehlungen des Deutschen Jugendinstituts für eine Beurteilung von Hörspielkassetten keine Anwendung finden, weil sie sich dem Thema Naturwissenschaften erst gar nicht zuwenden und sich lediglich auf folgende vage Aspekte beschränken:

- „Der Inhalt der Geschichten sollte dem Entwicklungsstand der Kinder entsprechen.
- Die Gestaltung der Geschichte sollte die Kinder nicht überfordern.
- Der Text sollte verstanden werden und die Textgestaltung sollte Vorstellungsbilder erzeugen.
- Musik, Geräusche und Töne sollten die Geschichte beleben und nicht nur akustisches Beiwerk sein." (Kibler 1995, S. 209).

Hier besteht also die gleiche Informationslücke wie bei den Kindersachbuchbewertungen. Allerdings ist der naturwissenschaftliche Anteil bei Hörspielkassetten nur sehr gering, so dass hier fehlende Bewertungshinweise noch verständlich sind. Auch im Falle der Benjamin-Blümchen-Kassetten tangieren nur ein Viertel der Folgen überhaupt naturwissenschaftliche Themen; allerdings kommen Naturwissenschaft und Technik dann grundsätzlich schlecht weg. Hierzu ein Beispiel: In der Folge „Benjamin Blümchen als Feuerwehrmann" findet der erste Einsatz in einer brennenden Schule statt, in der zehn Kinder im Chemieraum eingeschlossen sind. Als Brandursache nennt die Lehrerin Paula Pauker: „Diese Versuche, diese schrecklichen chemischen Versuche sind schuld." Während das Feuer gelöscht werden kann und der Unfall einen glücklichen Ausgang nimmt, ist der Ausgang für das Bild, das Kindern in Bezug auf die Chemie vermittelt wird, eher fraglich.

Wenn es um die Erklärung naturwissenschaftlicher oder technischer Phänomene geht, dann sucht man eine didaktische Konzeption vergeblich: In manchen Fällen ist ein Phänomen so komplex dargestellt, dass für die jungen Zuhörer ein Verstehen ausgeschlossen ist, so z. B. in der Folge „Benjamin Blümchen als Lokomotivführer", in der die Funktionsweise einer Dampflok so kompliziert beschrieben wird, dass rein gar nichts verständlich werden kann.

In anderen Folgen wird zwar Interesse an naturwissenschaftlichen Phänomenen geweckt, die Erklärungen dazu sind aber sehr knapp gehalten, so z. B. in „Benjamin Blümchen als Pirat". Auf die Frage, wie Ebbe und Flut entstehen, wird folgende Antwort gegeben: „Wenn Ebbe ist, zieht sich das Wasser zurück, und wenn Flut ist, kommt es wieder. Eigentlich macht dies der Mond, aber das kann ich auch nicht so genau erklären." In „Benjamin Blümchen im Urlaub" beobachtet der Elefant, dass das Meer blau ist. Sein Freund Otto korrigiert ihn: „Nein, es ist die Sonne, die sich im Wasser spiegelt, das Wasser ist klar."

Kindern wird auf diese Weise der Eindruck vermittelt, bei Naturwissenschaften und den Phänomenen, die sie behandeln, handele es sich um etwas Kompliziertes, das ohnehin kaum jemand verstehen, geschweige denn erklären könne.

Experimentierkästen für Kinder

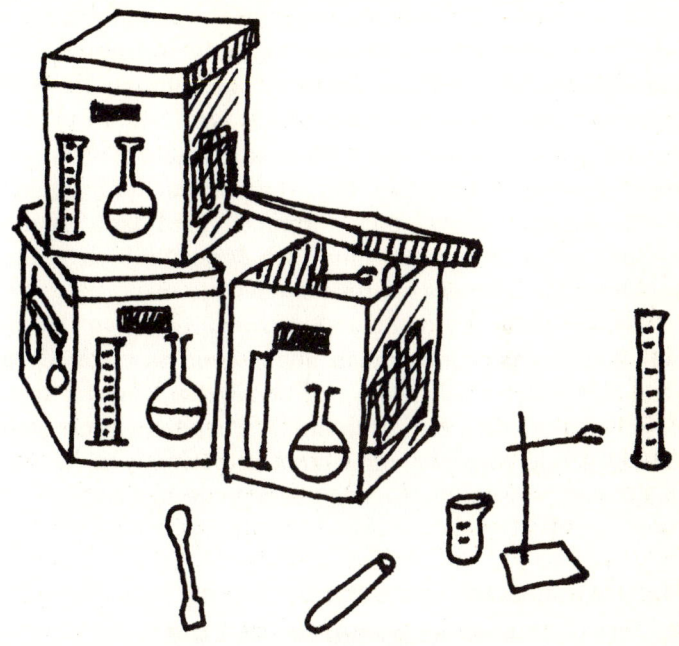

Schon seit langem gibt es Experimentierkästen – der Kosmos-Verlag ist einer der bedeutendsten Hersteller auf dem deutschen Markt – und sie haben ohne Frage einen sehr positiven Einfluss auf das Naturverständnis von Generationen heranwachsender Kinder ausgeübt und tun dies immer noch. Der Grund liegt im wahrsten Sinne des Wortes auf der Hand: Diese Kästen vermitteln nicht Erfahrung, wie es ansonsten durch die Medien geschieht, sondern leiten zum Selbermachen, zum genauen Beobachten an. Da sich die Experimentierkästen an etwas ältere Kinder wenden, als sie im vorliegenden Buch angesprochen werden, sind die angebotenen Experimente sowohl in der Durchführung als auch in ihrer naturwissenschaftlichen Deutung deutlich anspruchsvoller. Viele erforderliche Materialien können nun nicht mehr einfach aus dem Küchenschrank hervorgeholt werden. Dennoch: Viele „Chemikalien", die diese Kästen enthalten, sind auch in jedem Haushalt vorhanden und daher eigentlich „zu teuer verpackt", obwohl die dahinter stehende Idee durchaus verständlich ist: Dem Kind soll durch die lange Sucherei nach Materialien nicht die Lust am Experimentieren vergehen. Ein weiterer Nachteil: Irgendwann sind die Chemikalien verbraucht und dann ist das entsprechende Experiment nur noch durchzuführen, wenn nachbestellt wird, was relativ aufwendig ist.

Wie das breite Spektrum an Experimenten im vorliegenden Buch zeigt, kommt man auch schon mit einfachen Haushaltsmitteln sehr weit, und bei älteren Kindern kann das Spektrum natürlich noch entsprechend erweitert werden. Es gelingt also auch ohne teure Verpackung, in die Tiefe der naturwissenschaftlichen Phänomene zu dringen.

Naturwissenschaftsmuseen für Kinder – ein Renner, aber leider nur im Ausland

Ähnlich positiv zu bewerten wie die Experimentierkästen sind die sogenannten „Science Center". Dabei handelt es sich um naturwissenschaftlich orientierte Museen, in denen die Besucher selbst aktiv naturwissenschaftliche Experimente durchführen können und nicht nur auf die Rolle der Betrachter von Exponaten reduziert werden. Auch hier steht also nicht die vermittelte Erfahrung im Vordergrund, sondern das Selbermachen. Ganz besonders gut kommen solche „Science Center" bei Kindern an. Sie haben allerdings einen Nachteil: Es gibt sie hierzulande kaum!

Bekannt sind diese Einrichtungen schon seit dem Ende des 19. Jahrhunderts. In Deutschland wurde 1889 mit dem „Urania" in Berlin sogar das erste Museum dieser Art gegründet, das binnen kurzer Zeit zu einem Publikumsmagneten avancierte. Aus finanziellen Gründen musste es allerdings schon bald geschlossen werden. In den folgenden Jahrzehnten entstanden im Ausland weitere „Science Center", aber erst das amerikanische Weltraumprogramm gab für deren Entwicklung entscheidende Impulse: In den sechziger Jahren entstanden die „New York Hall of Science", die „Lawrence Hall of Science" sowie das „Exploratorium" in San Francisco. Seitdem ist die Zahl der „Science Center" stetig angestiegen: Heute gibt es über 200 Museen dieser Art auf der Welt.

Bei den interaktiven Experimenten der „Science Center" dominieren in der Regel Themen aus der Physik, insbesondere der Mechanik, Optik und Akustik sowie medizinisch-biologische Themen, etwa „begehbarer Mensch", „begehbares Herz" oder der „Streichel-Zoo". Themen zur Chemie spielen auch bei den Neugründungen der letzten Jahre vor allem für die Altersgruppe der 5–7-Jährigen eine eher untergeordnete Rolle.

Ein erster Vorläufer eines Science-Zentrums in Deutschland wurde Mitte der achtziger Jahre unter dem Namen „Phänomenta" an der damaligen Pädagogischen Hochschule Flensburg entwickelt. Auch die 1991 gegründete und privat initiierte Kinder-Akademie Fulda wendet sich mit naturwissenschaftlichen Themen an noch ganz junge Besucher. Neben nicht-naturwissenschaftlichen Themen sind dort auch Ausstellungseinheiten zu Biologie, Akustik und Optik zu finden. Mit beiden Institutionen werden aber bei weitem nicht die Größenordnungen der oben genannten Museen erreicht. Dies gilt auch für sogenannte Mitmachlabors, die inzwischen von Industrieunternehmen, so z. B. der BASF in Ludwigshafen, und von Hochschulen (Teutolab in Bielefeld) für die jungen Forscher zur Verfügung gestellt werden.

Eine geplante Neukonzeption der chemischen Abteilung des Deutschen Museums in München lässt hoffen, dass die derzeitigen Druckknopf-Experimente von Versuchen abgelöst werden, bei denen der Besucher tatsächlich chemische Zusammenhänge „begreifen" kann. Auch das Deutsche Technikmuseum in Berlin berücksichtigt in der Auswahl der Exponate – nach langem Hin und Her – nun auch zunehmend das Kriterium, dass junge Besucher aktiv mitmachen können.

Vielversprechend ist das in Freiburg geplante Science Center, das in den nächsten Jahren seine Tore öffnen soll. Wenn dort – wie in den Ankündigungsprospekten hervorgehoben – tatsächlich eine „Mischung aus Unterhaltung, Erleben und Bildung" geboten wird, dann wird es, ebenso wie seine Pendants im Ausland, mit Sicherheit einen enormen Beitrag zum Naturwissenschaftsverständnis gerade bei Kindern leisten.

VII Sind naturwissenschaftliche Kenntnisse denn überhaupt so wichtig?

Vielleicht hat sich Ihnen während der Lektüre dieses Buches hin und wieder die Frage aufgedrängt, ob es denn überhaupt notwendig sei, Kinder in einem so jungen Alter an Naturwissenschaften heranzuführen. Vielleicht reicht es ja auch aus, wenn die Kinder – wie bisher – später einmal im Schulunterricht auf die Naturwissenschaften stoßen. Schließlich haben sie im Vorschulalter ja auch auf anderen Gebieten viele Erfahrungen zu sammeln: Sport, Musik, Spracherwerb, soziales Verhalten, Erlernen der sogenannten Kulturtechniken wie Lesen, Schreiben und Rechnen. Die Liste lässt sich noch lange fortsetzen ... und jetzt auch noch Chemie und Physik?

Nehmen wir einmal an, Sie und Ihre Familie lebten in einer ländlichen Region in Costa Rica – nicht als Touristen, sondern als Einwohner, die sich mit den Gegebenheiten des Landes arrangieren. Costa Rica ist ein Land, das zu einem großen Teil von der Landwirtschaft lebt: Bananen und Kaffee zählen zu den wichtigen Anbauprodukten, die einen hohen Anteil des Exports ausmachen. Es wäre kaum vorstellbar, dass Ihr Kind nicht schon in frühen Jahren mit dem Bananenanbau und der Arbeit auf Kaffeeplantagen konfrontiert würde, auch wenn es sich beruflich einmal anders orientieren würde. Sie fänden es sicherlich ganz sinnvoll, wenn Ihr Kind erkennen könnte, auf welchem Boden Bananen besonders gut gedeihen, wann der günstigste Zeitpunkt für die Ernte ist, welche Ungeziefer den Ernteertrag gefährden könnten etc. Undenkbar, dass Kinder in diesem Land erst im Alter von 14 Jahren mit den Dingen vertraut gemacht würden, die derzeit das wirtschaftliche Überleben des Landes garantieren und vielleicht in einem solchen Land auch einmal zum persönlichen Überleben beitragen könnten.

… auf Heller und Pfennig

In Deutschland werden weder Bananen noch Kaffee angebaut. Was für Costa Rica diese Agrarprodukte bedeuten, sind hierzulande Industriegüter. Wie kaum ein anderes Land ist die Bundesrepublik eine Industrienation, die mit lediglich 1 Prozent landwirtschaftlicher Erzeugnisse am Bruttosozialprodukt und nur geringen Mengen an Bodenschätzen in ganz besonderem Maße von der Produktion an Industriegütern abhängig ist. Mit rund 35 Prozent industriell gefertigter Produkte, wieder bezogen auf das Bruttosozialprodukt, sieht die Bilanz bislang auch noch ganz gut aus. Ein hoher Exportanteil dieser Produkte sichert einen ebenfalls hohen Außenhandelsbilanzüberschuss, und gerade der ist wichtig, wenn es um die Sicherheit von Arbeitsplätzen geht, denn irgendwoher muss das Geld für die Finanzierung der Arbeitskraft ja kommen.

Zu den bedeutendsten und umsatzstärksten Industriezweigen zählen der Maschinenbau, die Produktion von Straßenfahrzeugen, die Elektroindustrie, der Ernährungssektor sowie die chemische Industrie. Allein die chemische Industrie erzielte 1998 einen Umsatz von 187,4 Mrd. DM und beschäftigte ca. 485 000 Menschen. Gerade bei diesem Industriezweig ist der Exportanteil von über 50 Prozent besonders hoch.

Alle genannten Industriezweige haben mehr oder weniger eines gemeinsam: Sie basieren auf naturwissenschaftlich-technischem Know-How. Eine 1998 erstellte Studie von Arthur D. Little konnte zeigen, dass eine wesentliche Voraussetzung für den langfristigen Erfolg der Industrieunternehmen – und das gilt in besonderem Maße für Unterneh-

men der chemischen Industrie – eine intensive Innovationstätigkeit ist. Die sogenannten „Produktionszyklen" – also
der Zeitraum, in dem ein Produkt nachgefragt wird und
konkurrenzfähig ist – werden immer kürzer, und nur durch
ständige Innovation ist daher ein Bestehen auf den inter-
nationalen Weltmärkten möglich. „Innovationstätigkeit"
mag abgedroschen klingen. Der Begriff wirkt so distanziert:
Tatsächlich aber steckt hinter der „Innovationstätigkeit"
immer ein Mensch, auf dessen Kreativität kombiniert mit
naturwissenschaftlicher Kompetenz die Hoffnung auf neue
Wege ruht. Auf die heute tätigen Naturwissenschaftler hat
das Bildungssystem kaum noch einen entscheidenden Einfluss, wohl aber auf die Hoffnungsträger der zukünftigen
Generation. Und dazu zählen auch die jetzt 5–6-Jährigen.

Mitreden-Können bei der Umweltpolitik

Die meisten der heute 5–6-Jährigen werden sich wohl kaum
für einen naturwissenschaftlichen Beruf entscheiden, und
wenn man einmal einen Blick in die heute so leeren Chemie-
und Physik-Hörsäle wirft, dann kann man nur hoffen, dass es
zukünftig einige Studenten mehr sein mögen. In unserer
arbeitsteiligen Welt entscheiden sich viele für Berufe im
Dienstleistungsgewerbe, in denen es Bereiche gibt, die vollkommen ohne chemische Formel auskommen. Aber: Ob
Industrie- oder Einzelhandelskaufmann, Sachbearbeiter in
einer Versicherung, ob Jurist, Pfarrer oder Ballett-Tänzer –
wenn es um politische, insbesondere umweltpolitische Ent-
scheidungen geht, sind bei jedem naturwissenschaftliche
Kenntnisse erforderlich, um zu einer mündigen Entschei-
dung zu gelangen. Um mitentscheiden zu können, ob man
für oder gegen den Bau einer Müllverbrennungsanlage bzw.
für oder gegen den Bau eines Kohlekraftwerks oder eines
Atomkraftwerks ist – um nur zwei Beispiele zu nennen –, ist
es wichtig zu wissen, was in diesen Anlagen vor sich geht.

Um noch einmal auf das Eingangsbeispiel Costa Rica zurückzukommen: Zur Zukunftssicherung dieses Agrarlandes zählen mit Sicherheit der Bananen- und der Kaffee-Anbau, und es ist nachvollziehbar, wenn die heranwachsende Generation mit den Zusammenhängen der Anbaumethoden vertraut gemacht wird. Die Grundlage unserer Industrienation ist das naturwissenschaftliche Know-How, das über die Zukunftssicherung und den Lebensstandard für die zukünftige Generation entscheidet. Auch hierzulande sollte man der heranwachsenden nächsten Generation die Chance geben, sich mit den Zusammenhängen vertraut zu machen, die über ihre Zukunft entscheiden – sei es wirtschaftlich oder umweltpolitisch.

VIII Wenn Sie mehr über Chemie und Physik wissen möchten

Viele der in Teil II vorgestellten Experimente und deren naturwissenschaftliche Deutungen werden den meisten von Ihnen sicherlich vertraut sein. Aber vielleicht war ja doch das eine oder andere erstaunliche Phänomen dabei, das Sie noch nicht kannten. Möglicherweise haben Sie mit den hier vorgestellten 25 Experimenten gemeinsam mit Ihrem Kind mehr experimentiert als während Ihrer gesamten Schulzeit.

Vielleicht haben Sie selbst dabei einen neuen Zugang zu den Naturwissenschaften gefunden und möchten nun mehr dazu wissen – das würde mich freuen. Hin und wieder mussten die Erklärungen zu den Phänomenen knapp ausfallen – so etwa, wenn es um die Deutung des Farbumschlags beim Rotkohlversuch oder die Phänomene Diffusion und Osmose ging. Bei einer vertieften Betrachtung dieser naturwissenschaftlichen Zusammenhänge ist ein systematischer Zugang in die Welt der Materie und ihrer stofflichen Veränderungen erforderlich. Sollten die Grundlagen für diese Betrachtungen bislang noch nicht vertraut sein – und erfahrungsgemäß ist das bei den meisten so –, dann kann dies mit wenig Anstrengung nachgeholt werden.

Es gibt zahlreiche Angebote für Einführungskurse in die Chemie und Physik, die sich an Erwachsene richten. Neben Wissenschaftsmagazinen und Fernsehsendungen mit naturwissenschaftlichen Inhalten finden sich auch auf dem Buchmarkt regelmäßig Neuerscheinungen zum Thema „Chemie und Physik für Einsteiger". Wie findet man da das Richtige für sich?

Der vertiefte Zugang zu den Naturwissenschaften ist mit dem Erlernen einer Sprache vergleichbar. Erst der mühsame Weg über Grammatik und Vokabeln eröffnet den Zugang zur Literatur in dieser Sprache. Durch sporadisches Schmökern bei Shakespeare beispielsweise wird das Englischlernen kaum gelingen.

Wissenschaftssendungen und Magazine mit naturwissenschaftlichen Neuentdeckungen – so faszinierend sie auch sind – werden das vertiefte Verstehen der Naturwissenschaften niemals vermitteln können, sondern allenfalls einen Einblick in ein aktuelles Thema geben.

$$E_{kin} = \frac{1}{2} m \cdot v^2$$

$$CaF_2 \rightleftharpoons Ca^{2+} + 2F^-$$

$$K_L = [Ca^{2+}] \cdot [F^-]^2$$

$$E = m \cdot c^2$$

$$\log_{10} \frac{[In^-]}{[HIn]} = pH - pK_S$$

Im Literaturverzeichnis zu diesem Kapitel sind einige Buchtitel zusammengestellt, die als systematischer Einstieg in die Naturwissenschaften empfehlenswert sind. Sie haben gegenüber den vielen Wissenschaftsmagazinen mit staunenswerten Neuheiten den Vorteil, dass sie eine solide Basis vermitteln, mit deren Hilfe Sie alltägliche Phänomene selbst deuten können. Dabei wünsche ich Ihnen viel Spaß!

Literatur

Literatur zu Kapitel III:
„Kann mein Kind das denn alles schon verstehen?"

BECKER, Hans-Jürgen: Chemie – ein unbeliebtes Schulfach? Ergebnisse und Motive der Fachbeliebtheit. In: Mathematisch-Naturwissenschaftlicher Unterricht (MNU). 31 (1978), S. 455 ff.

COLLINS, Andrew (Hrsg.): Development during middle childhood. The years from six to twelve. Washington D.C., 1984.

DECI, Edward L.; RYAN, Richard, M.: Die Selbstbestimmungstheorie der Motivation und ihre Bedeutung für die Pädagogik. In: Zeitschrift für Pädagogik. 39 (1993) 2, S. 223–238.

ERIKSON, H. Erik: Identität und Lebenszyklus. Frankfurt am Main, 1994. (Titel der Originalausgabe: Identity and the Life Cycle; erstmals 1959 im Englischen erschienen.)

ERIKSON, H. Erik: Jugend und Krise. Die Psychodynamik im Wandel. Stuttgart, 1980. (Titel der Originalausgabe: Identity – Youth and Crisis; erstmals 1968 im Englischen erschienen.)

GRÄBER, Wolfgang; STORK, Heinrich: Die Entwicklungspsychologie Jean Piagets als Mahnerin und Helferin des Lehrens im naturwissenschaftlichen Unterricht. Teil 2. In: MNU. 37 (1984) 5, S. 257–269.

KRAPP, Andreas: Intrinsische Lernmotivation und Interesse. Forschungsansätze und konzeptuelle Überlegungen. In: Zeitschrift für Pädagogik. 45 (1999) 3, S. 387–406.

KRAPP, Andreas; PRENZEL, Manfred (Hrsg.): Interesse, Lernen, Leistung. Neuere Ansätze der pädagogisch-psychologischen Interessenforschung. Münster, 1992.

Piaget, Jean: Gesammelte Werke. Studienausgabe in 10 Bänden. Stuttgart, 1996.

Schiefele, Ulrich; Schreyer, Inge: Intrinsische Lernmotivation und Lernen. Ein Überblick zu Ergebnissen der Forschung. In: Zeitschrift für Pädagogische Psychologie. 8 (1994) 1, S. 1–13.

Literatur zu Kapitel IV:
Vom Experimentieren und vom „Sinn der Sinne".

Descartes, René: Meditationen über die Grundlagen der Philosophie mit den sämtlichen Einwänden und Erwiderungen. Hrsg. v. Arthur Buchenau. Hamburg, 1960.

Bassler, Wolfgang: Ganzheit und Element. Zwei kontroverse Entwürfe einer Gegenstandsbildung in der Psychologie. Göttingen, 1988.

Hume, David: Eine Untersuchung über den menschlichen Verstand. Hrsg. v. Raoul Richter. Hamburg, 11. durchges. Aufl. 1984.

Konersmann, Ralf: Die Augen der Philosophen. Zur historischen Semantik und Kritik des Sehens: In: Konsersmann, Ralf (Hrsg.): Kritik des Sehens. Leipzig, 1997.

Literatur zu Kapitel V:
Wie sag ich's meinem Kinde?

Gebhard, Ulrich: Kind und Natur. Die Bedeutung der Natur für die psychische Entwicklung. Opladen, 1994.

Gebhard, Ulrich: Träumen im Biologieunterricht? – Psychoanalytische Betrachtungen zu unbewussten Einflüssen auf das Denken. In: Unterricht Biologie. 16 (1992) 172, S. 44–46.

Literatur zum Kapitel VI:
Was Kinder von den Medien schon immer
über Naturwissenschaften wissen wollten –
und was die Medien ihnen anbieten

AIKENHEAD, Glenn S.: An Analysis of Four Ways of Assessing Students Beliefs about STS Topics. In: Journals of Research in Science Teaching. 25 (1988) 8, S. 607–629.

FEIERABEND, Sabine; WINDGASSE, Thomas: Was Kinder sehen. Eine Analyse der Fernsehnutzung 1996 von Drei- bis 13jährigen. In: Media-Perspektiven. 4 (1997), S. 186 ff.

GEISER, Helmut; BAUMERT, Jürgen; EVANS, Robert H.: Auswirkungen der Fernsehnutzung auf Alltagserfahrungen, Kontrollüberzeugungen und Leistungen im Sachunterricht bei Grundschulkindern. In: MARQARDT-MAU, Brunhilde; KÖHNLEIN, Walter; LAUTERBACH, Roland (Hrsg.): Forschung zum Sachunterricht. Probleme und Perspektiven des Sachunterrichts. Bd. 7. Bad Heilbrunn, 1997, S. 77 ff.

HEIDTMANN, Horst: Kindermedien. Stuttgart, 1992.

HENGST, Hein: Schallplatte/Kassette. Hörspiel. In: GRÜNEWALD, Dietrich; KAMINSKI, Winfred (Hrsg.): Kinder und Jugendmedien. Weinheim, 1984, S. 217 ff.

KIBLER, Ingeborg: Die Beurteilung von Hörspielkassetten – ein Leitfaden. In: DEUTSCHES JUGENDINSTITUT (Hrsg.): Handbuch Medienerziehung im Kindergarten Teil 2: Praktische Handreichungen. Opladen, 1995, S. 209–216.

KLINGER, Walter; GROEBEL, Jo: Kinder und Medien 1990. Eine Studie der ARD/ZDF-Medienkommission. In: Media Perspektiven. Bd. 13, Baden-Baden, 1994.

OPASCHOWSKI, Horst-Werner: Arbeit, Freizeit, Lebenssinn? Orientierung für eine Zukunft, die längst begonnen hat. Opladen, 1983.

OTTERSTEIN, Wolfgang: Materialien zum Tonträgermarkt für Kinder. In: SCHILL, Wolfgang; BAACKE, Dieter (Hrsg.): Kinder und Radio. Zur medienpädagogischen Theorie und Praxis der auditiven Medien. Frankfurt am Main, 1996, S. 148 ff.

RENN, Ortwin: Akzeptanzforschung: Technik in der gesellschaftlichen Auseinandersetzung. In: Chemie in unserer Zeit. 20 (1986), S. 44–52.

ROGGE, Jan-Uwe: Hören als Erlebnis. In: SCHILL, Wolfgang; BAACKE, Dieter (Hrsg.): Kinder und Radio. Zur medienpädagogischen Theorie und Praxis der auditiven Medien. Frankfurt am Main, 1996, S. 30 ff.

Literaturempfehlungen zu Kapitel VIII:
Wenn Sie mehr über Chemie und Physik wissen möchten

ARNI, Arnold: Verständliche Chemie für Basisunterricht und Selbststudium. Weinheim, WILEY-VCH, 1998.

ARNI, Arnold: Grundkurs Chemie I. Allgemeine und Anorganische Chemie für Fachunterricht und Selbststudium. Weinheim, WILEY-VCH, 3. Aufl. 1998.

ARNI, Arnold: Grundkurs Chemie II. Organische Chemie für Fachunterricht und Selbststudium. Weinheim, WILEY-VCH, 3. Aufl. 1998.

NENTWIG, Joachim; KREUDER, Manfred; MORGENSTERN, Karl: Lehrprogramm Chemie I-IV:
- 7 Programme Allgemeine Chemie. 20 Programme Anorganische Chemie. 2 Programme Organische Chemie. Weinheim (WILEY-VCH), 1. Nachdr. d. 5. Aufl. 1985.
- 8 Programme Allgemeine, 17 Programme Organische Chemie. Weinheim (WILEY-VCH) 1987 (1. Nachdr. d. 3. Aufl. 1985).